Felix von Held, Jan Oliver Schwarz

ROBUST LEADERSHIP

Felix von Held, Jan Oliver Schwarz

ROBUST LEADERSHIP

Sicheres Führen in unsicheren Zeiten

Frankfurter Allgemeine Buch

Bibliografische Information der Deutschen Nationalbibliothek
Die Deutsche Nationalbibliothek verzeichnet diese Publikation in der Deutschen Nationalbibliografie; detaillierte bibliografische Daten sind im Internet über http://dnb.d-nb.de abrufbar.

Frankfurter Allgemeine Buch

Frankfurter Allgemeine Buch
Pariser Straße 1
60486 Frankfurt am Main

Umschlag: Nina Hegemann
Titelbild: Adobe Stock/SwiftCraft
Satz: Jan Walter Hofmann
Druck: Beltz Graphische Betriebe, Bad Langensalza
Printed in Germany

1. Auflage
Frankfurt am Main 2024
ISBN 978-3-96251-205-7

Frankfurter Allgemeine Buch hat sich zu einer nachhaltigen Buchproduktion verpflichtet und erwirbt gemeinsam mit den Lieferanten Emissionsminderungszertifikate zur Kompensation des CO_2-Ausstoßes.

INHALT

ZUSAMMENFASSUNG

Unternehmen stehen immer häufiger vor der Herausforderung, in einem Geschäftsumfeld bestehen zu müssen, das vor allem durch die Unsicherheit geprägt ist, wie die Zukunft aussehen könnte. Dieses Geschäftsumfeld ist in der Vergangenheit auch wiederholt als VUCA („VUCA“: Volatility, Uncertainty, Complexity, Ambiguity) beschrieben worden. Zentral ist dabei die folgende Frage: Mit welcher Art von Führungskultur lässt sich dieses Geschäftsumfeld meistern? Beziehungsweise, was bedeutet sicheres Führen in eine unsichere Zukunft, in unsicheren Zeiten?

Ziel des Robust Leadership-Ansatzes ist es, Sie als Führungskräfte mit einem flexiblen Framework auszustatten, das auf der einen Seite Stabilität gibt, aber wiederum flexibel genug ist, um auf Veränderungen zu reagieren. Das Buch *Robust Leadership: Sicheres Führen in unsicheren Zeiten* bietet, neben der Beschreibung des Frameworks, Ihnen als Führungskraft eine Vielzahl von Reflexionsübungen, die Sie für sich selbst, aber auch gemeinsam mit ihrem Team nutzen können.

Die Herleitung unseres Frameworks basiert auf zwei empirischen Studien, wissenschaftlicher Forschung und der Reflexion der Autoren zur Zusammenarbeit mit einer Vielzahl von Organisationen. Eine zentrale Erkenntnis ist hierbei, dass sichere Führung in unsicheren Zeiten in Bezug auf zwei entscheidende Perspektiven Sicherheit geben muss: *WAS* will ein Unternehmen erreichen und *WIE* soll der Weg dorthin beschritten werden?

Das Robust Leadership Framework basiert auf diesen zwei wesentlichen Mechanismen: Das *WAS* adressiert die Frage danach, welche Zielsetzung und Vision eine Organisation verfolgt oder vielmehr was für eine Zukunft die Organisation „mit-"gestalten will. Hier spielen Strategie und im Sinne der Zukunftsorientierung vor allem auch Strategic Foresight eine wichtige Rolle. Es geht um die Fähigkeit, eine Vorstellung davon zu entwickeln, wie die Zukunft aussehen könnte. Das *WIE* wiederum adressiert die Frage, wie die Zusammenarbeit gestaltet sein muss, um dieses Ziel zu erreichen. Hier stehen die Kultur und die Werte einer Organisation im Vordergrund.

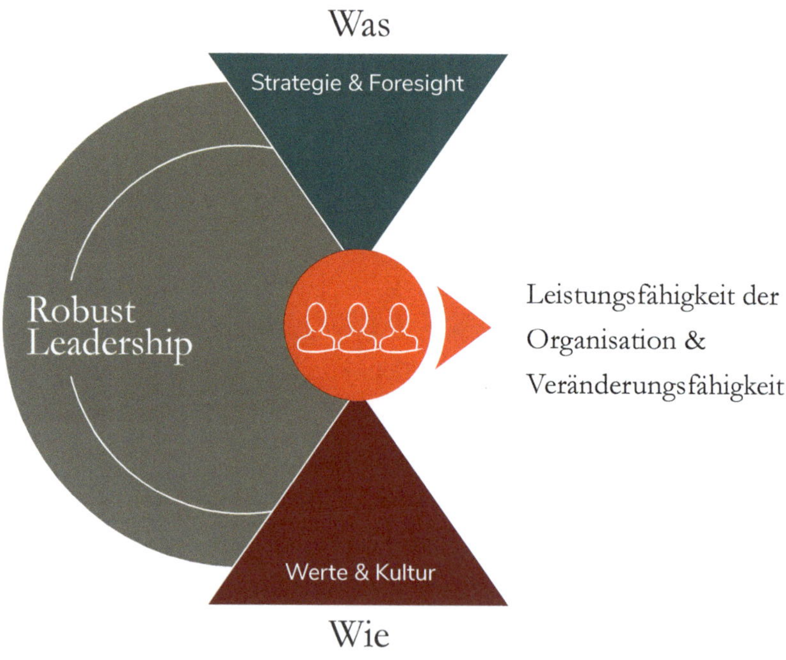

Abbildung 1: Das Robust Leadership Framework

1 EINFÜHRUNG

Fragen, die in diesem Kapitel beantwortet werden:

- Was ist der Hintergrund von Robust Leadership?
- Wie hilft Ihnen dieses Framework als Führungskraft? Wie können Sie es nutzen?
- Was ist die Motivation und wie ist das Buch aufgebaut?
- Welche Herausforderungen stellen sich für Führung in der Zukunft?

Vor über einem halben Jahrhundert stellte der Management-Guru Peter F. Drucker [1] die Behauptung auf, dass das Zeitalter der Diskontinuität („the age of discontinuity") bereits begonnen hätte und sich Wandlungsprozesse schneller als in der Vergangenheit abspielen würden. Dabei sehen sich Organisationen mit einer komplexeren und dynamischeren Umwelt konfrontiert. Diese zeichnet sich eben durch Diskontinuitäten und eine unsichere Zukunft aus – ein Zustand, der sich aller Voraussicht nach fortsetzen wird. Die Hauptaufgabe für heutige Führungskräfte besteht darin, in einer solchen Umwelt Entscheidungen zu treffen und Strategien zu formulieren. Offenkundig lässt sich der lange vorherrschende Imperativ „predict and prepare" (Vorhersagen und Vorbereiten) [2] nicht mehr auf Organisationen in einer solchen Umgebung anwenden.

In den vergangenen Jahren wurde das Akronym VUCA (= Volatility, Uncertainty, Complexity and Ambiguity – übersetzt mit Volatilität, Unsicherheit, Komplexität und Mehrdeutigkeit) geprägt, um die Herausforderungen zu beschreiben, denen Organisationen gegenüberstehen. Es ist auch vorgeschlagen worden, dass das Akronym TUNA (= Turbulence, Uncertainty, Novelty and Ambiguity – übersetzt mit Turbulenz, Unsicherheit, Neuheit und Mehrdeutigkeit) [3] sinnvoller sei, da dies nahelegt, dass wir die VUCA-Umwelt, angesichts der zunehmenden Unsicherheit und Dynamik der wirtschaftlichen Rahmenbedingungen, bereits hinter uns gelassen haben. Die Finanzkrise von 2008, die COVID-19-Pandemie und der Krieg in der Ukraine bestätigen den Eindruck, dass Organisationen mit dieser VUCA- oder TUNA-Umwelt[1] konfrontiert sind und dass wir die Zukunft zunehmend als unsicher wahrnehmen müssen.

Was zeichnet für Sie effektive Führung aus? Und wie kann diese zur Leistungsfähigkeit einer Organisation oder eines Teams beitragen? Für uns stehen diese beiden Fragen in der Auseinandersetzung mit Führung im Fokus. Denn das, was ‚Führung' ist, muss mit Blick auf den sich stetig wandelnden Kontext, dem Organisationen unterliegen, kontinuierlich diskutiert und neu definiert werden.

Bei dem *Robust Leadership Framework*, das wir hier vorstellen, wollen wir uns mit zukunftsorientierter Führung auseinandersetzen, und damit Ihnen als Führungskraft einen Ansatz zur Orientierung in einem dynamischen Umfeld vermitteln.

Für uns geht Robustheit über die Bedeutung der Resilienz hinaus. Robustheit stellt für uns nicht einfach die Fähigkeit dar, mit Veränderung

1 Im Weiteren sprechen wir der Übersichtlichkeit halber von dem bekannteren der beiden Konzepte, der VUCA-Welt.

im organisatorischen Umfeld umzugehen, sondern diese Wandlungsprozesse in erster Linie nutzbar zu machen und sie als Chance wahrzunehmen. Obgleich manche ein VUCA-Umfeld und eine unsichere Zukunft zunächst als Risiko und als Umstand ansehen mögen, an den man sich nur schwer anzupassen vermag, sehen andere diese Dynamiken als eine Chance, neue Geschäftsmodelle zu entwickeln, neue Geschäftsfelder oder Dienstleistungen zu entwickeln, oder als Gelegenheit, ihre Organisation neu aufzustellen. In ihrem Buch *Profiting from Uncertainty: Strategies for Succeeding No Matter What the Future Brings* haben Paul Schoemaker und Robert Gunther [4] bereits vor zwei Jahrzehnten darauf hingewiesen, dass Unsicherheit eine Quelle für Profite bietet, die über die Entwicklung bereits vorhandener Geschäftsfelder hinausgeht. Nassim Nicholas Talebs [5] weist mit seiner Konzeption der „Antifragilität" in eine ähnliche Richtung. Darüber hinaus steht Robustheit für uns für die Balance zwischen der Anpassung an Veränderungen im Geschäftsfeld und der Sicherstellung einer Stabilität, die den Mitgliedern einer Organisation Orientierung bietet. Ungeachtet der Richtung, in die eine Führungskraft mit ihrer Organisation aufbricht, stellt die Navigation in der VUCA-Welt und in eine unsichere Zukunft eine Herausforderung dar, die sich nicht einfach in Luft auflösen wird. Es werden weiterhin neue technologische und allgemeine Trends entstehen und die Bedürfnisse der Kund:innen werden sich weiterentwickeln.

Robust Leadership bietet hierfür einen zentralen Stabilisierungsmechanismus zur Wertgenerierung einer Organisation, sei es hinsichtlich ihrer Leistungsfähigkeit oder der Organisationsentwicklung. Im Zentrum steht Orientierung bei den Fragen, *WAS* eine Organisation erreichen will – im Zusammenhang mit Strategie und Foresight –, und *WIE* dieses Ziel erreicht werden kann – im Hinblick auf Werte und die Organisationskultur. Um im Bild eines Bootes (Abbildung 2) zu sprechen: Es

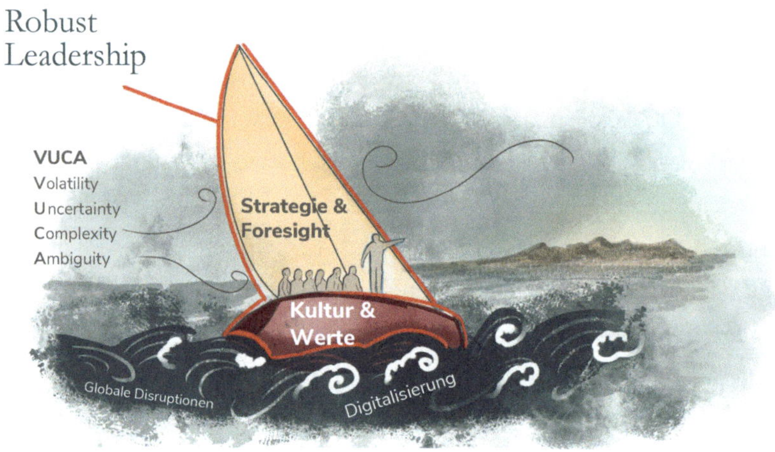

Abbildung 2: Robust Leadership und die VUCA-Umwelt

geht um das Wahren des Fokus auf das Ziel am Horizont und darum, sich nicht durch die kleineren Wellen vor dem Bug ablenken zu lassen. Gleichzeitig geht es um die Klarheit für die Mannschaft an Bord, wie und mit welchen Werten im Sinne der Kultur dieses Ziel am besten zu erreichen ist. Also wie können wir den Wind und die Wellen der Veränderung nutzen, um noch schneller voranzukommen?

Es sind also scheinbar andere Leadership-Skills nötig, um eine Organisation in einer stabilen, unterstützenden Umwelt zu führen als in einer VUCA-Umwelt. Mit Blick auf die COVID-19-Pandemie wurde kürzlich in einer Studie beschrieben, dass Vorstandsmitglieder einerseits ihre Aufgabe darin sahen, eine langfristige Orientierung ihrer Organisation sicherzustellen, andererseits hatten viele von ihnen nicht das Gefühl, ihre Organisationen adäquat auf zukünftige Herausforderungen vorzubereiten [6]. Manche Organisationen nehmen diese Dynamiken als Risiko wahr, andere wiederum als Chance – oder beides zugleich. Für alle Organisationen stellt sich jedoch eine entscheidende Frage: Welche Art der

Führungskultur kann dazu beitragen, nicht nur aktuellen Herausforderungen, wie der Digitalisierung, Nachhaltigkeit und aktuellen Krisen, zu begegnen, sondern auch mit zukünftigen Herausforderungen erfolgreich umzugehen? In seinem einflussreichen Buch *The Reflective Practitioner*, erstmals in den frühen 1980er-Jahren erschienen, legt der Organisationswissenschaftler Donald A. Schon [7] dar, dass Manager:innen zunehmend für Phänomene der Unsicherheit und des Wandels sensibilisiert wurden. Er stellt weiterhin fest, dass sich „decision making under uncertainty" (Entscheiden unter Unsicherheit) seit den 1960er-Jahren als Redewendung in den Führungsriegen etabliert hat. John P. Kotter [8] von der Harvard Business School, Vordenker auf dem Gebiet des Change-Managements, beschreibt die Gestaltung von Wandlungsprozessen als eine der wichtigsten und zugleich schwierigsten Aufgaben von Führungskräften. Sie erfordere Führung, Ermutigung und Förderung bei der gemeinsamen Anstrengung von Organisationsmitgliedern, die Anpassung an eine VUCA-Umwelt und das Überleben in ihr. Wenn wir davon ausgehen, dass die Auswirkungen der VUCA-Welt auch zukünftig erheblich spürbar sein werden und dass jegliche Anstrengung – sei es durch die Entwicklung einer neuen Strategie oder durch eine Förderung innovativer Ansätze – unweigerlich mit Wandlungsprozessen einhergehen wird, wird auch die Bedeutung von Leadership in diesem Kontext zunehmen.

Mit anderen Worten: Während sich die wirtschaftlichen Rahmenbedingungen für Organisationen und ihre Führungskräfte zunehmend als Herausforderung darstellen, steigt auch die Verantwortung für Führungskräfte, Orientierung zu geben. Wenn Leadership es in Zeiten eines zunehmenden Wandlungsbedarfs versäumt, diese Verantwortung wahrzunehmen, impliziert dies aber auch, dass Organisationen einer gesteigerten Gefahr ausgesetzt sind, in ihrem wirtschaftlichen Umfeld zurückzufallen.

Robust Leadership ist unsere Antwort darauf, wie Führungskräfte in unsicheren Zeiten sicher führen können.

1.1 Motivation für dieses Buch

Der Ansatz Robust Leadership und die Motivation für dieses Buch entwickelten sich aus unserer Arbeit mit Organisationen in den letzten Jahren. Die wahrgenommene Dynamik im Umfeld, die Unsicherheit und die Veränderung der Arbeitswelt warfen immer wieder die Frage auf, wie Führung gestaltet sein muss. Wie können Führungskräfte mit diesen Dynamiken umgehen bzw. diese sogar nutzen, um erfolgreich zu sein? Das Ziel ist im Kern, eine höhere Leistungsfähigkeit und ein besseres Gestalten der Zusammenarbeit zu erreichen. Gleichzeitig zeigten sich in unserer Arbeit Spannungen, die Führungskräfte aushalten bzw. ausgleichen müssen und die in den letzten Jahren stark zugenommen haben. Oftmals wird hier von der Fähigkeit der Beidhändigkeit (Ambidextrie) oder dem Umgang mit Ambiguität gesprochen. Robust Leadership hat das Ziel, Führungskräfte bei der Wahrnehmung von und dem Umgang mit diesen Spannungsfeldern zu unterstützen.

In einem Interview mit dem Wirtschaftsmagazin *Forbes* wurde der Professor für Leadership, Jeffrey Pfeffer, gefragt, warum die Leadership-Industrie dabei versagt habe, Unternehmenskultur zu verbessern und Führungskräfte effizienter werden zu lassen. Er antwortete: „... Jeder kann ein Führungsexperte sein, auch wenn er kein Wissen in den relevanten Sozialwissenschaften hat, keine Expertise, und auch keine Erfahrung" [9]. Der Anspruch an Führungsliteratur ist also hoch. Gelingen muss es, das Konzept auf ein solides Fundament aus Theorie und Praxis zu stellen, um es belastbar zu machen. Gleichzeitig müssen Ideen und

Konzepte anwendbar und handhabbar sein, damit sie für Führungskräfte und Unternehmen einen direkten Mehrwert stiften. Unser Ziel in diesem Buch ist es, nicht nur ein Leadership-Framework einzuführen, das umsetzbar und handhabbar ist, sondern auch einen Ansatz zu entwickeln, der in einer VUCA-Welt nicht sofort überholt, sondern robust ist.

Mit dem Robust Leadership Framework beabsichtigen wir keinesfalls, Ihnen Antworten auf alle Fragen zum Thema Leadership geben zu können. Wir bieten ein Modell, das wir als Bezugsrahmen verstehen. Dieses Framework soll Sie als Führungskraft dabei unterstützen, Ihre Gedanken zu Leadership zu ordnen – auf individueller Ebene wie auch mit Blick auf die gesamte Organisation. Es ist also ein Rahmen für die Reflexion der eigenen Praxis. Grundsätzlich hat für uns ein Framework immer den Charme, dass es offen ist und erlaubt, eigene Ansätze einzubinden und somit den Transfer in die Anwendung in unterschiedlichsten Organisationen ermöglicht.

An wen wendet sich dieses Buch? Grundsätzlich an Sie als Führungskraft oder an Mitarbeiter:innen einer Organisation mit Interesse an Führung oder mit Führungsbezug. Sei es in einer kleinen oder einer großen Organisation, im privaten oder im öffentlichen Sektor. Es richtet sich ebenso an Leiter:innen kleiner Teams sowie an Personen, die ganze Organisationen führen. Unser Ziel ist es, Ihnen ein pragmatisches und damit direkt anwendbares Framework zur Verfügung zu stellen. Daher enthält dieses Buch für Sie viele praktische Übungen und Anleitungen zur Reflexion, die sowohl individuell als auch in Gruppen durchgeführt werden können. Letztlich wollen wir sicherstellen, dass dieses Buch auf einer soliden Basis steht. Das heißt, wir verweisen nach Möglichkeit auf akademische Forschung und stellen für Sie Bezüge zu unseren empirischen Studien her.

Die Grundlage für dieses Buch speist sich aus zwei Quellen. Einerseits haben wir in den vergangenen Jahren unser Robust Leadership Framework in zwei Studien untersucht und basierend auf den gewonnenen Erkenntnissen weiterentwickelt. In unserer ersten Studie, durchgeführt in der ersten Hälfte des Jahres 2020, wählten wir einen explorativen Ansatz. Wir wollten verstehen, auf welches Feedback unser Robust Leadership Framework bei Führungskräften stößt und wie die Elemente unseres Frameworks aus empirischer Perspektive zusammenhängen. Unsere zweite Studie, die 2022 durchgeführt wurde, war quantitativ ausgelegt und erforschte den Wirkungszusammenhang der Elemente des Frameworks. Letztlich konnten wir Einschätzungen von knapp 500 Führungspersonen zusammentragen.

Andererseits haben wir, durch die Zusammenarbeit mit zahlreichen Führungskräften im Rahmen unserer Beratertätigkeit, damit begonnen, darüber nachzudenken, wie wir unsere Überlegungen zu Leadership strukturieren können. Die Entwicklung des Robust Leadership Frameworks half uns dabei, den konstruktiven Austausch mit unseren Klient:innen weiter zu intensivieren, während wir sie dabei unterstützten, ihr Potenzial in einer VUCA-Umwelt weiterzuentwickeln.

1.2 Aufbau dieses Buches

Im **ersten Kapitel** starten wir unsere Reise mit einer Einführung in unser Robust Leadership Framework und der Erläuterung seiner Mechanismen. Im darauffolgenden **zweiten Kapitel** zu Spannungsfeldern in der Führung setzen wir uns mit den Ergebnissen aus unseren Studien auseinander. Wir identifizieren zentrale Spannungsfelder für Führungskräfte in Phasen großer Veränderung. Unter Spannungsfeldern verstehen wir – durch VUCA ausgelöste – Herausforderungen, Unsicherheiten und Probleme, die es auszubalancieren gilt. Diese sind meist durch scheinbar widersprüchliche Lösungsansätze gekennzeichnet.

Im **dritten und vierten Kapitel** beschreiben wir das Robust Leadership Framework ausführlicher und heben dabei insbesondere hervor, was Robust Leader ausmacht. Welche Fähigkeiten sollte ich als Führungskraft entwickeln und stärken? Welche Fähigkeiten führen zu einer höheren Leistungsfähigkeit in einem dynamischen Umfeld? Dies dient zugleich als Basis für eine Vertiefung, um sich persönlich beziehungsweise die eigene Organisation zu verorten und entsprechende Schlussfolgerungen ziehen zu können. Unterstützend bieten wir unseren Leser:innen Reflexionsübungen an, die bei der Einordnung des individuellen Führungsstils und der Führungskultur ihrer Organisation helfen können.

Im **fünften Kapitel** legen wir dar, wie das Konzept von Robust Leadership auf Organisationen übertragen werden kann, um robuste Organisationen zu erschaffen. Das bedeutet auch, dass wir zwei Perspektiven in unserer Diskussion berücksichtigen: eine individuelle und eine organisatorische Perspektive. Da diese zwei Ebenen in einer wechselseitigen Beziehung zueinander stehen, lassen sie sich nicht immer deutlich voneinander unterscheiden. Nichtsdestotrotz werden wir beide Perspektiven aufschlüsseln und durch Ansätze ergänzen, wie Robust Leadership auf individueller sowie auf organisatorischer Ebene weiterentwickelt werden kann.

Die **Kapitel sechs und sieben** legen die Wirksamkeit des Modells dar und stellen ein Assessment-Tool zur Anwendung in der eigenen Organisation zur Verfügung. Die Kapitel schließen mit einer übergreifenden Reflexion des Modells ab.

Wir empfehlen Ihnen, dem Aufbau dieses Buches bei der Lektüre Kapitel für Kapitel zu folgen.

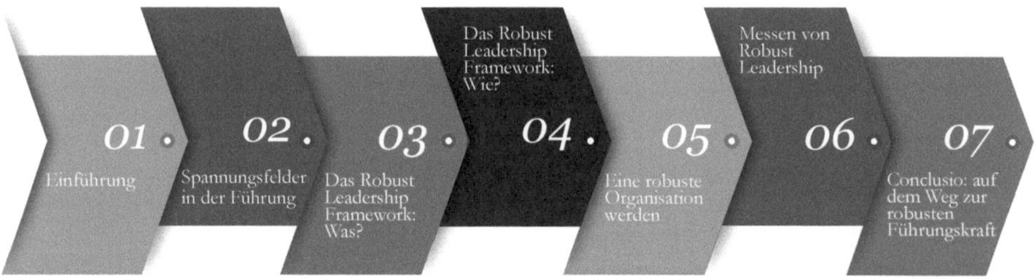

Abbildung 3: Aufbau des Buches

1.3 Die Zukunft von Leadership

Im Sinne einer Zukunftsorientierung von Führung wollen wir hier als Basis für unsere Überlegungen einen Blick in die Zukunft, oder vielmehr die Zukünfte von Führung, werfen. Dies soll Ihnen ein besseres Verständnis vermitteln, worin mögliche Herausforderungen für Führung in der Zukunft bestehen können, und erlauben, das Thema der Führung selbst zukunftsorientiert zu diskutieren.

Hierzu werden wir einige Szenarien für Führung in möglichen Zukünften erörtern, dabei beschreiben die Szenarien im Sinne von Foresight mögliche alternative Zukünfte und erheben keinen Anspruch auf Vollständigkeit oder sind exakte Vorhersagen.

Die Szenarien, die wir hier beschreiben, wurden von einem der Autoren gemeinsam mit Master-Studierenden an der ESB Business School in Reutlingen entwickelt.[2] Der Arbeitsauftrag bestand darin, die Kontexte von Leadership in der Zukunft zu erforschen, d. h. wie Organisationen im Jahr 2030 aussehen könnten. Das Projekt folgte dem ‚scenario planning approach', der ursprünglich von Shell vor über 50 Jahren entwickelt

2 Die hier beschriebenen Szenarien beruhen auf der Arbeit von Christian Bentz, Tom Keller, Saskia Scherer, Theresa Schropp und Ann-Catrin Wagner.

wurde [10]. Der Ansatz beruht auf der Annahme, dass die Zukunft nicht vorhergesagt werden kann. Die Zukunft kann daher immer nur in alternativen und plausiblen Bildern der Zukunft beschrieben werden, welche die Bandbreite der Möglichkeiten aufzeigen.

Diese Entwicklung alternativer Zukunftsbilder basiert auf der möglichst umfassenden Beschreibung der Treiber von Veränderung, d. h. Trends – in diesem Fall für die Zukunft von Leadership. Um eine möglichst umfassende Beschreibung zu entwerfen, wird das PEST-Framework (PEST = Political, Economic, Social and Technological; politisch, wirtschaftlich, sozial und technologisch) verwendet. In der Hauptsache dient diese Struktur dazu, einen umfassenden Überblick über die relevanten Wandlungstreiber sicherzustellen.

Abbildung 4: Überblick einiger Trends für die Zukunft von Leadership

In diesem Überblick der Trends sind einige Faktoren verzeichnet, die in der Entwicklung der Szenarien für die Zukunft von Leadership verwendet wurden. Als Ausgangspunkt für die Erstellung der Szenarien dient die Identifikation der treibenden Faktoren, die sich zugleich durch besondere Relevanz für die Zukunft von Leadership und durch große Unsicherheit auszeichnen. Unsicherheit bezieht sich in diesem Fall auf die Einschätzung, dass unklar ist, in welche Richtung sich ein Trend entwickeln könnte.

Im besagten Projekt wurden die folgenden zwei Unsicherheiten identifiziert: die sich auflösende Abgrenzung zwischen Privat- und Arbeitsleben und die Auswirkungen Künstlicher Intelligenz (KI). Die Auflösung der Grenzen zwischen Privat- und Arbeitsleben wurden wie folgt beschrieben:

- Die Covid-19-Krise verdeutlicht, dass Arbeitgeber:innen im Hinblick auf ihre finanzielle, mentale und physische Gesundheit als Sicherheitsnetz fungieren.
- Unternehmen sind Teil des sozialen Umfeldes der Angestellten. Sie fördern soziale Interaktion im Zuge von After-Work-Events und stellen zusätzliche Angebote wie Kinderbetreuung zur Verfügung.
- Diese Aktivitäten dienen dem Arbeitgeber:innen-Branding und scheinen eine bessere Work-Life-Balance zu ermöglichen.

Die Auswirkungen von KI wurden wie folgt beschrieben:

- Von KI angetriebene Technologie wird in unterschiedlichen Anwendungsfällen im Geschäftsumfeld eingesetzt, um Prozesse zu digitalisieren.
- Wenngleich Roboter autonom arbeiten werden, wird es dennoch zu Ausfallzeiten aufgrund von technischen Fehlern kommen, die nur durch Menschen korrigiert werden können.

- Angestellte werden anstelle von menschlichen Mitarbeiter:innen in gesteigertem Maße mit Robotern zusammenarbeiten müssen.

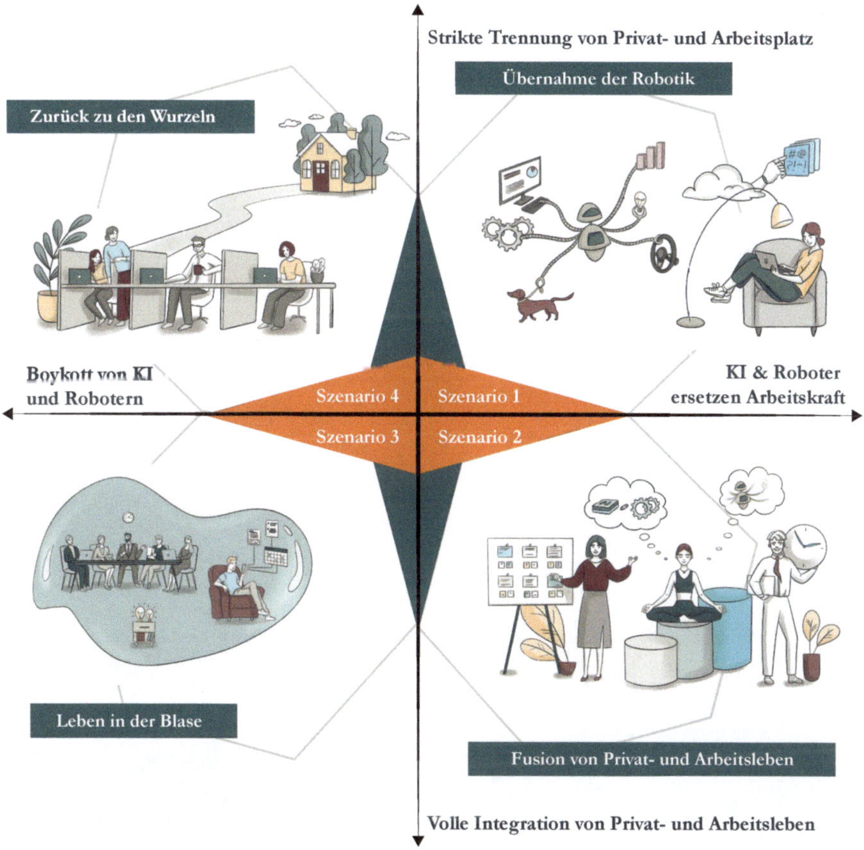

Abbildung 5: Szenarien der Zukunft des Leadership

Abbildung 5 zeigt die entwickelten Szenarien, in denen, neben den entscheidenden Einflussfaktoren, alle anderen Trends zu plausiblen und alternativen Zukunftsbildern kombiniert wurden. Im Folgenden geben wir einen kurzen Einblick in diese vier Welten.

Szenario 1: Übernahme der Robotik

Wie sieht eine Welt aus, in der Roboter und KI einen Großteil der Arbeitskraft ersetzen und Arbeits- und Privatleben strikt voneinander getrennt sind?

- Das Alltagsleben hat sich in den vergangenen Jahren signifikant verändert. Technische Fortschritte haben dazu geführt, dass Roboter und KI über 80 Prozent der Arbeit übernehmen, die zuvor von Menschen ausgeführt wurde.
- Es gibt eine klare Grenzziehung zwischen Arbeits- und Privatleben. Störfälle führen zu langen Ausfallzeiten für Roboter und KI.
- Führungskräfte sind mit der Kontrolle und der Überwachung von Automation konfrontiert, wobei Arbeitsanweisungen nicht länger an Menschen, sondern an Roboter und KI gerichtet werden.

Abbildung 6: Szenario 1 Übernahme der Robotik

Szenario 2: Fusion von Privat- und Arbeitsleben

Wie sieht eine Welt aus, in der Roboter und KI einen Großteil der Arbeitskraft ersetzen und Arbeits- und Privatleben vollständig miteinander verschmelzen?

- Die Welt wandelt sich. Roboter und KI ersetzen nahezu alle manuellen Arbeitsabläufe, die bisher von Menschen übernommen wurden.
- Menschliche Arbeitskräfte bereiteten sich darauf vor, Roboter und KI zu programmieren, zu navigieren und zu überwachen.
- Arbeitnehmer:innen können ihre Arbeitszeit und ihre Freizeit flexibel einteilen, müssen jedoch durchgehend verfügbar sein, um im Notfall in die von Robotern und KI übernommenen Prozesse eingreifen zu können.
- Führungskräfte sind mit der Verschmelzung von Privat- und Arbeitsleben konfrontiert. Die Hauptaufgabe besteht darin, die Motivation und das Wohlergehen der Mitarbeitenden sicherzustellen.

Abbildung 7: Szenario 2 Fusion von Privat- und Arbeitsleben

Szenario 3: Leben in der Blase

Wie sieht eine Welt aus, in der Roboter und KI von den Menschen boykottiert werden und Arbeits- und Privatleben vollständig miteinander verschmelzen?

- Die Welt steht still. Angestellte können ihr Privat- und Arbeitsleben flexibel und in Übereinstimmung mit ihren eigenen Bedürfnissen strukturieren.
- Arbeiter:innen werden nur vereinzelt durch technische Innovation unterstützt, was zu einem erhöhten Arbeitspensum führt.
- Die Grenzen zwischen Privat- und Arbeitsleben verschwimmen, da die Angestellten zu jeder Zeit verfügbar sein müssen.
- Führungskräfte sind damit konfrontiert, das hohe Arbeitspensum und die Motivation der Angestellten auszutarieren.

Abbildung 8: Szenario 3 Leben in der Blase

Szenario 4: Zurück zu den Wurzeln

Wie sieht eine Welt aus, in der Roboter und KI von den Menschen boykottiert werden und Arbeits- und Privatleben strikt voneinander getrennt sind?

- Die Arbeitswelt kehrt zu ihren Wurzeln zurück. Das niedrige Level an Automation durch Roboter und KI führt dazu, dass der Mangel an Arbeitskraft einer steigenden Nachfrage gegenübersteht.
- Die strikte Trennung zwischen Privat- und Arbeitsleben, in Kombination mit festen Arbeitszeiten, führt zu geringer Agilität und langsameren Prozessen.
- Führungskräfte sind mit einem Mangel an Flexibilität und mit Kapazitätsengpässen konfrontiert.

Abbildung 9: Szenario 4 Zurück zu den Wurzeln

Ungeachtet dessen, welches Szenario tatsächlich am Ende der Entwicklungen steht, heben diese Szenarien die Herausforderungen hervor, mit denen sich Führungskräfte konfrontiert sehen. Selbstverständlich konzentrieren sich diese Szenarien in erster Linie auf die zukünftigen Herausforderungen im Arbeitskontext von Organisationen. Zusätzliche Herausforderungen werden sich aufgrund zukünftiger Dynamiken im jeweiligen Industriezweig einstellen, in dem die Organisation operiert.

Aber lassen Sie uns zunächst einige der Anforderungen für das Thema Leadership berücksichtigen, die aus diesen Szenarien resultieren. Zum einen müssen Führungskräfte sicherstellen, dass die Mitarbeiter:innen über angemessene Fähigkeiten verfügen, um in einem solchen Umfeld erfolgreich arbeiten zu können. Führungskräfte werden allerdings auch diejenigen sein müssen, die entscheiden, welches die angemessenen Fähigkeiten sind. Darüber hinaus wird es herausfordernd sein, Gemeinschaftssinn in einem Team zu stiften, das beispielsweise über den gesamten Globus verteilt ist oder das Ängste vor der möglichen Rolle hegt, die KI zukünftig spielen könnte. Sofern Privat- und Arbeitsleben zukünftig stärker ineinander übergehen, werden Führungskräfte nicht nur ein Bewusstsein für diesen Umstand ausprägen müssen, sondern zudem auf eine andere Weise führen müssen.

In der Betrachtung dieser Szenarien und was diese für Organisationen, unter den Gesichtspunkten von Wandel und Transformation, bedeuten, ist es für uns von Relevanz, Antworten auf die Fragen zu finden, wie Führungskräfte in dieser Situation Orientierung bieten können. Wenn wir nun davon ausgehen, dass die Herausforderungen für Führung weiterhin zunehmen werden, wird der Bedarf an adäquaten Lösungsmechanismen überdeutlich.

1.4 Das Robust Leadership Framework in der Praxis

Das Robust Leadership Framework bietet Orientierung bei der Ausrichtung der Organisation auf die Zukunft und auf die Fragestellung, *WAS* erreicht werden soll und *WIE* dies erreicht werden kann.

Bevor wir an späterer Stelle im Detail auf die Elemente dieses *WAS* und *WIE* eingehen werden, bietet Ihnen die Abbildung 10 einen ersten Einblick in die Struktur des Robust Leadership Frameworks. Das *WAS* in unserem Framework konzentriert sich auf Aspekte von Strategie und Foresight. Im Kern speist es sich aus der Idee, dass Führungskräfte – insbesondere in einer VUCA-Welt und konfrontiert mit einer unsicheren Zukunft – eine langfristige Orientierung bieten müssen, in welche Richtung sich die Organisation entwickeln soll. Um eine langfristige Orientierung geben zu können, muss man eine Vorstellung davon entwickeln, wie die Zukunft aussehen könnte – mit einem Gespür für Veränderungen in der Umwelt und bei gleichzeitiger Infragestellung scheinbar selbstverständlicher Annahmen. Letztendlich kommt es darauf an, diese Einsichten in eine Strategie zu übertragen.

Unsere Hauptannahme besteht darin, dass in einem VUCA-Umfeld jegliche Initiative im Hinblick auf Foresight, Strategie oder Innovation unweigerlich zu Veränderung und Transformation führt. Aus diesem Grund nimmt das *WIE* einen entscheidenden Stellenwert ein: *WIE* müssen wir zusammenarbeiten, um unsere Ziele zu erreichen und Chancen proaktiv ergreifen zu können oder Herausforderungen in Vorteile umzuwandeln. Unseren Erkenntnissen nach sind in dieser Diskussion Werte und insbesondere ‚Vertrauen' als Basis von entscheidender Bedeutung. In Kapitel 3 und 4 werden wir auf die Elemente der beiden Ebenen im Detail eingehen.

Diese beiden Ebenen bilden zugleich den Kern der Identität einer Organisation und damit für die Mitarbeiter:innen und deren Bindung. Mitarbeiter:innen teilen typischerweise Aspekte des *WAS* oder „WHY" der Organisation. Was wollen wir zusammen erreichen und warum ist dies sinnvoll? Was ist unsere Wirkung als Organisation? Gleichzeitig sind die Aspekte des *WIE* der Zusammenarbeit von zentraler Bedeutung für die Identität. Sind wir eine Remote Company? Sind wir besonders nachhaltig? Was sind unsere Teamrituale? Dies sind identitätsstiftende Elemente, die Mitarbeiter:innen an ein Unternehmen binden und die sie in ihrem Umfeld teilen. Das Zusammenspiel auszugestalten und in eine Ausrichtung zu bringen, ist eine zentrale Führungsaufgabe.

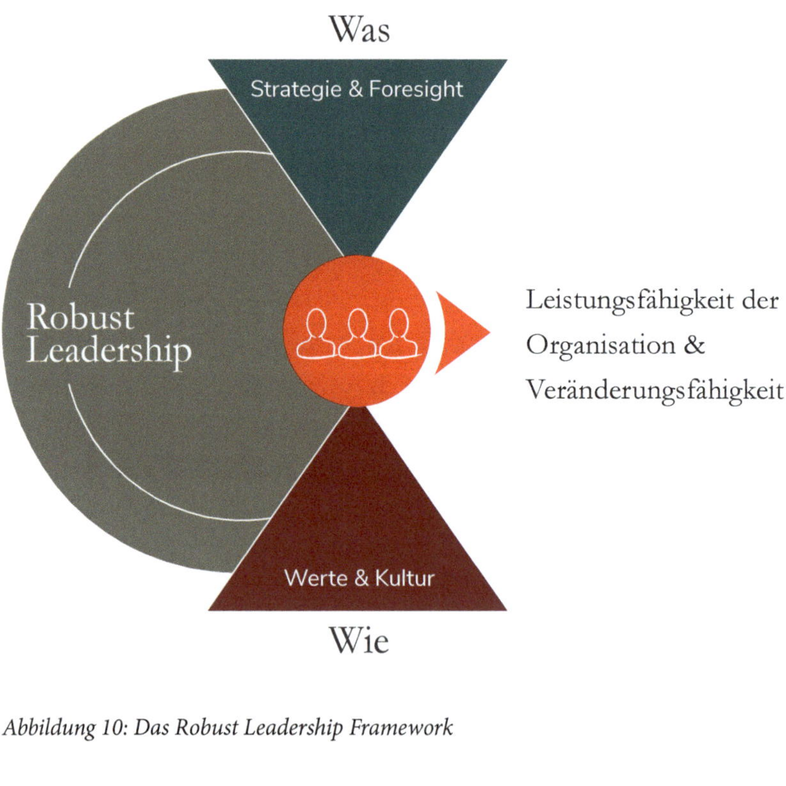

Abbildung 10: Das Robust Leadership Framework

Bei der Entwicklung des Robust Leadership Frameworks entstanden zudem zwei **Kernprinzipien**, welche als Leitgedanken in der Anwendung des Ansatzes adressiert werden sollen.

Ein zentrales Prinzip und eine zentrale Erkenntnis ist der Fokus auf **Balance** in der Organisation und das Ausgleichen vermeintlicher Widersprüche, um in einer dynamischen Umgebung erfolgreich zu sein. Hierauf gehen wir insbesondere in Kapitel 2 ein. Die VUCA-Welt unterstreicht, dass konventionelle Denkmuster im Sinne eines „Entweder-Oder" nicht mehr angemessen sind. Für uns betont dieser Umstand zudem, dass wir nicht länger annehmen können, dass es eine einzige Perspektive auf die sich wandelnden Umstände gibt, sondern vielmehr zahlreiche. Die Aufgabe von Führung ist es, diese in Einklang zu bringen.

Dies haben sowohl unsere Arbeit mit Führungskräften als auch die Robust Leadership-Studien unterstrichen. Aus dem Führungsalltag kennt man die Herausforderung, Sachverhalte aus unterschiedlichen Blickwinkeln betrachten zu müssen. Wie kann ich als Führungskraft auf der einen Seite das heutige Geschäftsmodell wahren und auf der anderen Seite Innovation fördern? Wie kann ich Kosten sparen und gleichzeitig Neues wagen? Wie gehe ich mit meinem Energiehaushalt und dem meiner Mitarbeiter:innen um? Auf der einen Seite brauchen wir Effizienz und hohe Leistung, und auf der anderen Seite müssen wir empathisch auf die Auslastung und das Befinden unserer Mitarbeiter:innen achten. In allen Fällen geht es um das Herstellen der richtigen Balance; ähnlich wie Spitzensportler:innen, die im Training das richtige Gleichgewicht zwischen Belastung und Ruhephasen finden müssen, um Höchstleistungen erbringen zu können.

Daher ist eine der zentralen Fragen für Führungskräfte in der Anwendung von Robust Leadership: Wie gut bin ich und wie gut ist mein Unternehmen ausbalanciert? An welcher Stelle bin ich zu weit in meiner

Komfortzone und bewege mich nicht mehr, oder an welcher Stelle ist mein Team zu weit außerhalb der Komfortzone und verfällt in Unsicherheit? Wie kann ich für mich und mein Umfeld das richtige Gleichgewicht herstellen und damit eine Bewegung nach vorne auslösen und Chancen im Umfeld nutzen? Das Framework kann in der Anwendung als Reflexionsrahmen dienen, da es die wichtigen Elemente für Führung in einem unsicheren Umfeld hervorhebt.

Ein weiteres Prinzip ist, wie gerade beschrieben, dass der **Orientierung**. Angebote zur Orientierung in die Zukunft zu unterbreiten, geht von der Idee aus, Mitglieder einer Organisation aktiv in Diskussionen über den Prozess der Entscheidungsfindung einzubinden, z. B. durch offene Formate. Dabei soll nicht nur ein oberflächliches Buy-In oder Engagement ermöglicht werden, sondern ein tieferes Verständnis und Verantwortungsübernahme. Wir werden an späterer Stelle detailliert darauf eingehen. Wesentliches Element unseres Ansatzes ist somit die Kollaboration. Hierbei verwenden wir Kollaboration nicht in dem Sinne, wie sie in einem Leadership-Handbuch beschrieben wird, als Angebot einer Führungskraft bei der Ausführung einer Aufgabe [11]. Stattdessen verstehen wir Kollaboration als eine Zusammenarbeit auf Augenhöhe, die sich über Grenzen der Hierarchie und der Organisationsstruktur erhebt, um ein gemeinsames Ziel zu erreichen.

Key Take Aways aus diesem Kapitel:

- Organisationen sehen sich mit einer immer komplexeren und dynamischeren Umwelt konfrontiert, die sich durch Diskontinuitäten und eine unsichere Zukunft auszeichnet.
- Das Robust Leadership Framework beschreibt, wie Sie als Führungskraft in einer solchen Umwelt wirksam werden und Orientierung für die Zukunft geben.
- Robustheit geht über Resilienz hinaus, sie bedeutet, im Sinne der Zukunftsorientierung Veränderung als Chance wahrzunehmen und sie aktiv für die Organisation nutzbar zu machen. Gleichzeitig geht es um die Balance zwischen der Anpassung und der Sicherstellung der notwendigen Stabilität der Organisation.
- Robuste Führung zeichnet aus, in alternativen und plausiblen Bildern der Zukunft zu denken, die eine Bandbreite an Möglichkeiten abdecken.
- Im Zentrum des Robust Leadership Frameworks steht Orientierung bei den Fragen, *WAS* eine Organisation erreichen will (Strategie & Foresight) und *WIE* dieses Ziel erreicht werden kann (Werte & Organisationskultur).
- Dabei geht es um zwei zentrale Prinzipien: Balance halten und Orientierung geben.

2 SPANNUNGSFELDER IN DER FÜHRUNG

Fragen, die in diesem Kapitel beantwortet werden:

- Welche Spannungen prägen den Führungsalltag und müssen von Führungskräften für sich selbst und ihre Organisation bewältigt werden?
- Wie bewerten Sie als Führungskraft für sich und Ihre Organisation diese Spannungsfelder?
- Wie können Sie diesen Spannungen in der Praxis begegnen?

Wie im vorherigen Kapitel beschrieben, ist es eine der zentralen Führungsaufgaben, eine Balance herzustellen und Orientierung zu geben. Unter VUCA-Bedingungen und angesichts einer unsicheren Zukunft sind Führungskräfte mit einem hohen Maß an Ambiguität konfrontiert. Ambiguität ist gekennzeichnet durch mangelnde Klarheit und Herausforderungen in der Interpretation. Beispielsweise können widersprüchliche Informationen vorliegen, Führungskräfte können dazu gezwungen sein, in Spannungsfeldern zu agieren, in denen es zu Konflikten oder Widersprüchen kommt, die nur schwer oder gar nicht gelöst werden können. Diese Spannungen können dann bei Führungskräften zu Stress und Unsicherheit darüber führen, welche Verhaltens- und Handlungsweisen sie an den Tag legen sollen [12].

Konventionelles Denken im Sinne von „Entweder-Oder“ führt an dieser Stelle zu falschen Dichotomien: Beispielsweise die Annahme, Menschen müssten entweder rational oder kreativ sein, Organisationen entweder optimieren oder innovieren, entweder nachhaltig oder profitabel sein. Führungskräfte denken oft, dass sich verschiedene Optionen gegenseitig ausschließen, obwohl es in Wirklichkeit oft möglich ist, sie zu kombinieren. So diskutierten Gary Hamel und C. K. Prahalad [13] bereits in den 1990er-Jahren in ihrem Buch *Competing for the Future*, dass Unternehmen gleichzeitig an der Optimierung ihres Geschäftsmodells arbeiten und Foresight entwickeln und ihr Portfolio innovieren müssten.

Andere argumentieren, dass Führungskräfte im Kontext der VUCA-Welt weder einen reinen Command-and-Control-Führungsstil an den Tag legen können noch ein ausschließlicher Fokus auf Partizipation und Zuhören ausreicht; beide Seiten sind für erfolgreiches Führen in der heutigen Zeit erforderlich [12]. Führungskräfte, die konventionell im Sinne von „Entweder-Oder“ denken, erzeugen falsche Widersprüche. „Beidhändige“ Führungskräfte sind besser in der Lage, mit den Herausforderungen einer VUCA-Welt umzugehen, da sie mit vielfältigen Widersprüchen gleichzeitig umgehen können und in einigen Fällen sogar in der Lage sind, diese Widersprüche als Chance zu begreifen.

Solche Spannungen können auf organisatorischer und auf individueller Ebene auftreten. Spannungen auf der Ebene der Organisation, die durch Veränderungen in der Organisation ausgelöst werden, wirken sich jedoch häufig auch direkt auf Führungskräfte aus. Sie erzeugen individuelle Betroffenheit für die Führungskraft und müssen von ihr bewältigt werden.

Unsere beiden Studien zu Robust Leadership haben es uns ermöglicht, umfangreiches Material zu zentralen Spannungsfeldern im Kontext von Führung zusammenzutragen. Genauer gesagt, hat uns das Feedback zu unseren Studien erlaubt,

1. ein besseres Verständnis für Schlüsselaspekte und zentrale Herausforderungen zu erlangen, mit denen sich Organisationen und Führungskräfte derzeit konfrontiert sehen und
2. die wichtigsten Spannungsfelder zu identifizieren, innerhalb derer sich Führungskräfte aktuell bewegen müssen.

Diese Spannungen stellen typischerweise bestimmte Dilemmata dar, die schwierig oder sogar unmöglich zu lösen scheinen. Diese Spannungen entstehen oft aus akuten Herausforderungen, die eine erhebliche Bedrohung für die Organisation darstellen, machen gleichzeitig aber auch Schwächen sichtbar, die im Geschäftsalltag weniger offensichtlich sind.

Im Folgenden haben wir zwei organisationale und zwei Führungs-Spannungsfelder zusammengestellt, die aus unserer Sicht besonders relevant sind.

Organisationale Spannungsfelder:

- Lineare & stabile vs. agile Organisation
- Kultur vs. Strategie

Führungs-Spannungsfelder:

- Authentizität vs. Konformität
- Vertrauen vs. Vorgaben

Im Folgenden gehen wir näher auf diese vier Spannungsfelder ein, beginnend mit den Spannungen auf organisationaler Ebene. Neben der Beschreibung der Spannungsfelder beziehen wir uns auch auf einige Beispiele aus der Praxis, die verdeutlichen, wie Führungskräfte diese vier

Abbildung 11: Überblick über die vier Spannungsfelder

Bereiche in ihrem Führungsalltag wahrnehmen und wie auf diese Spannungen in der Praxis reagiert werden kann. Nach der Beschreibung jeder Spannung bieten wir eine Reflexionsübung an, mit der Sie Ihre Organisation und Ihr Führungsverhalten innerhalb dieser Spannung verorten und Ihre Gedanken sammeln können. Sie können diese Übungen entweder allein oder mit Ihrem Team durchführen.

2.1 Lineare & stabile vs. agile Organisation

Abbildung 12: Spannungsfeld 1 – Lineare & stabile vs. agile Organisationen

Funktionierende Organisationen brauchen Stabilität, Strategien, langfristige Perspektiven. Es geht darum, das bestehende Geschäftsmodell zu sichern und auf bisherigen Erfolgen aufzubauen. Gleichzeitig können Organisationen jedoch nur dann mit der Konkurrenz mithalten, wenn sie agil auf sich schnell ändernde Umfeldeinflüsse reagieren können, über durchlässige Strukturen verfügen, kreativ und innovativ sind, Risiken eingehen, gegebenenfalls Pläne ändern und Entscheidungen und Strategien umwerfen.

Als Antwort auf dieses Spannungsverhältnis wird die ambidextre Organisation [14] diskutiert. Diese Organisationsform besteht aus zwei parallelen Strukturen, eine ist recht stabil und dient der Erledigung von

Standardaufgaben, die zweite Struktur konzentriert sich auf Innovationen und ist daher flexibel und agil. Es ist jedoch fraglich, ob eine solch klare Trennung in der Praxis tatsächlich funktioniert oder ob es vielmehr darum geht, einen Ausgleich in diesem Spannungsfeld zu finden.

Diese Spannung betrifft insbesondere Führungskräfte im Hinblick auf die Zukunftsausrichtung einer Organisation. Wie können Sie Orientierung und Klarheit schaffen und gleichzeitig Impulsgeber für Veränderungen sein? Präsentieren Sie sich als konstanten oder als agilen Vorreiter? Halten Sie an Entscheidungen fest und vermitteln so Verlässlichkeit und Sicherheit, oder passen Sie Ihre Entscheidungen schnell an veränderte Rahmenbedingungen an? Riskieren Sie dabei, Verunsicherung im Team auszulösen und den Eindruck zu erwecken, Sie würden willkürlich handeln?

Einige Zitate aus unseren beiden Studien machen besonders deutlich, wie dieses Spannungsverhältnis Führung in der täglichen Praxis der Teilnehmer:innen prägt:

„In deutschen Technologieunternehmen besteht eine Kluft zwischen der Kultur innerhalb der Geschäftseinheiten (KPI-gesteuert, Mikromanagement usw.) und den eher explorativen Abteilungen (Corporate Innovation, Venturing usw.), die in der Natur der jeweiligen Tätigkeit liegt. Die Frage ist: Wo liegt die Gemeinsamkeit eines kulturellen Verhaltens und auf welche Gemeinsamkeit können sich ‚beide‘ Parteien einigen?“

„Es ist schwierig, Innovationen überproportional Ressourcen zur Verfügung zu stellen, wenn diese gleichzeitig einen Bruchteil des Geschäfts ausmachen. Dies ist für unsere Führungskräfte schwer, da unsere Zielsysteme nicht darauf ausgelegt sind. Im Transfer scheitern Innovationen bei uns sehr oft.“

Beispiel aus der Praxis:

Der Konflikt zwischen einer klaren Perspektive in die Zukunft und hoher Anpassungsfähigkeit zeigt sich in vielen Organisationen.

Oft ist die Annahme der Unternehmensführung über den Informationsstand der Mitarbeiter:innen und Führungskräfte falsch. Im Falle eines Pharmaunternehmens wurde dies während einer Tagung der Führungskräfte sichtbar. Der CEO zeigte die steile Wachstumskurve, auf der sich das Unternehmen befand, die als Exponentialfunktion im starken Kontrast zu der bisherigen Entwicklung des Unternehmens in den letzten fünf Jahren stand. Es wurde schnell klar, dass dieser Kontext dem Führungskreis in der Deutlichkeit nicht bewusst war. Viele Veränderungen in der Unternehmung begründeten sich mit dem steilen Wachstumspfad. Dies erzeugte bei den Anwesenden eine intensive Diskussion und wirkte klärend in Hinblick auf Veränderungen in der Organisation. Deutlich wurde, dass das Spannungsfeld zwischen langfristigem Wachstum und kurzfristigen Maßnahmen nicht allen Beteiligten ausreichend klar war. So wurden zum Beispiel zur Vorbereitung des Wachstums IT-Systeme und Prozesse angepasst, dies wurde ohne den größeren Kontext als hinderlich wahrgenommen, bildete aber für das weitere Wachstum die Grundlage. Der weitere Kontext wirkte klärend für diese Anpassungen und Entscheidungen in der Organisation. Im Nachhinein bezeichneten die Führungskräfte diese Erkenntnis als zentral.

Je agiler und anpassungsfähiger eine Organisation ist, desto wichtiger wird es, dies mit einer langfristigen Zukunftsperspektive zu flankieren und diese ausreichend zu kommunizieren. Je schneller die Anpassungen sind, desto stärker wächst das Bedürfnis der Mitarbeiter:innen nach Kontext und Sicherheit. Eine Führungskraft beschrieb ihr Erleben wie folgt: „Wir sind mittlerweile sehr gut darin, kurzfristig unser Vorgehen an den Markt anzupassen und besser zu werden. Es wird aber immer herausfordernder, den Mitarbeitenden die schnellen Wechsel zu vermitteln und sie mitzunehmen, da ihnen der Kontext oft fehlt. Dies ist für mich eine große Herausforderung an die Kommunikation und als Führungskraft."

Reflexionsübung

Nachfolgend finden Sie eine Reflexionsübung, um Ihr eigenes Erleben als Führungskraft in diesem Spannungsfeld zu verorten. Wie verorten Sie sich selbst und Ihre Organisation in diesem Spannungsfeld? Haben Sie im Spannungsfeld die richtige Balance? Was könnte als nächster Schritt für Sie hilfreich sein, um eine bessere Balance herzustellen? Nutzen Sie die Übung, um Ihre Gedanken zum Spannungsfeld zu sammeln und erste Handlungen abzuleiten, um ein besseres Gleichgewicht herzustellen.

Sie können dies als Einzelübung oder gemeinsam mit Ihrem Team oder mit Kolleg:innen aus Ihrem Führungskreis durchführen.

Reflexionsübung*: Linear & stabil vs. agil

Organisationales Spannungsfeld 1

Ist meine Organisation eher auf Sicherheit, Stabilität und lineare Prozesse oder auf Erneuerung, Innovation und agile Prozesse ausgerichtet?

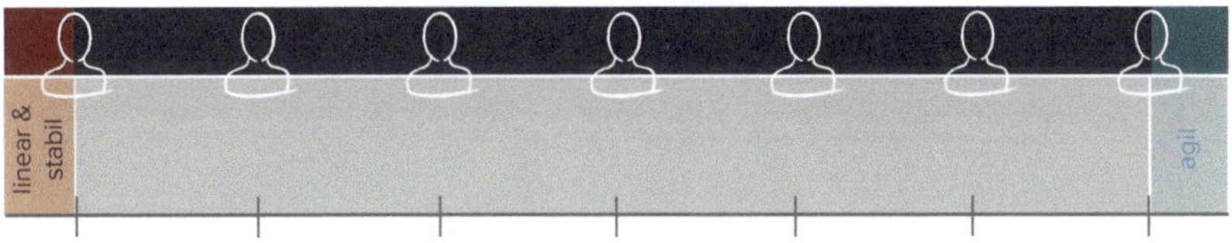

Reflexion: Welcher Fokus wird in der Organisation eher honoriert oder anerkannt?

Was bedeutet das für mein Verhalten als Führungskraft? Worauf konzentriere ich mich? Auf die Vermittlung von Sicherheit und den Erhalt des bestehenden Kerngeschäfts oder auf die Förderung von Kreativität, agilem Anpassen, Risikobereitschaft und Innovation?

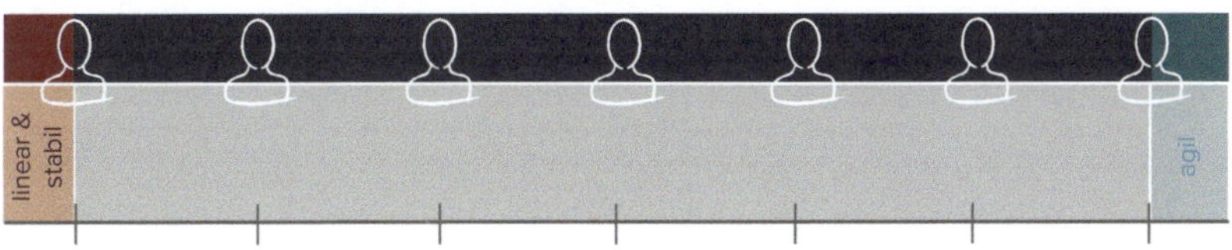

Reflexion: Nehme ich hier Spannungen wahr? Welche Herausforderungen bringt das mit sich?

Reflexion: Haben Sie im Spannungsfeld die richtige Balance? Was könnte als nächster Schritt für Sie hilfreich sein um eine bessere Balance herzustellen?

* Dieses Template kann unter www.robust-leadership.com heruntergeladen werden.

2.2 Kultur vs. Strategie

Abbildung 13: Spannungsfeld 2 – Kultur vs. Strategie

Wir alle kennen Peter F. Druckers berühmtes Zitat „*Culture eats Strategy for Breakfast*" – aber ist es wirklich so einfach? Natürlich ging Drucker nicht davon aus, dass Strategie für Unternehmen unwichtig sei, aber das Zitat kann irreführend sein und ein „Entweder-Oder" suggerieren, das nicht der Realität entspricht. Kultur und Strategie konkurrieren nicht. Damit beides wirksam ist, müssen sie kohärent sein. Es geht darum, das Spannungsverhältnis zwischen Kultur und Strategie zu erkennen und auszugleichen, anstatt sich einseitig auf eines von beiden zu konzentrieren.

Die Unternehmenskultur ist von zentraler Bedeutung für den Geschäftserfolg. Insbesondere Werte als Teil der Unternehmenskultur sind Treiber für die Entstehung eines Zugehörigkeitsgefühls, sie schaffen Sinn, geben Orientierung bei der Entscheidungsfindung und reduzieren Unsicherheit und Komplexität. Gleichzeitig ist die Kultur der Kontext für Entscheidungen der Führungskräfte, mit denen die Strategie entwickelt und umgesetzt wird. Daher ist eine wahrgenommene Trennung von Kultur und Strategie eine künstliche Vereinfachung der Realität.

Die Gestaltung der Organisationskultur wird oft als ein komplexes und schwieriges Unterfangen wahrgenommen. Gezielte Veränderungen der Organisationskultur sind herausfordernd. Gleichwohl betonen viele Studien, dass Kultur ein Kern zukunftsfähiger Unternehmen ist. Vielleicht aus diesem Grund ist und bleibt die Gestaltung der eigenen Kultur für viele Führungskräfte nur schwer greifbar, während die Strategie(-entwicklung) kontrollierbarer erscheint. Auch wenn eine Trennung in der Realität nicht zutrifft. John P. Kotter [8] fasst Erfolgsfaktoren für erfolgreichen organisationalen Wandel folgendermaßen zusammen: Für den Erfolg des Wandels muss zunächst dessen Richtung festgelegt werden; eine klare, mit entsprechenden Strategien verknüpfte Zukunftsvision ist zentral. Allerdings muss diese Vision, so Kotter, auch den Bedürfnissen unterschiedlicher Anspruchsgruppen und der Unternehmenskultur entsprechen. Aufgabe des Managements – bzw. in unseren Worten: der Führung – ist es, die Betroffenen durch eine klare Kommunikation der Richtungsänderung auf das gemeinsame Ziel zu verpflichten. Zudem muss die Vision nicht nur verstanden werden, die Betroffenen müssen auch an sie glauben. Nur wenn alle Beteiligten das gleiche Ziel verfolgen, ist es möglich, dass Mitarbeitende eigenverantwortlich zur Zielerreichung beitragen können. Der Erfolg von Organisationen beruht darauf, Strategie und Kultur gemeinsam zu denken und das *WAS* und *WIE* miteinander zu verknüpfen.

Was bedeutet das für Führungskräfte? Diese Spannung wird als zunehmende Komplexität wahrgenommen. Es stellen sich beispielsweise diese Fragen: Worauf soll ich mein Augenmerk richten? Liegt mein Fokus auf der Erstellung und Anpassung der strategischen Ausrichtung und auf inhaltlichen Entscheidungen? Oder soll ich primär an der Zusammenarbeit und Leistungsfähigkeit meines Teams arbeiten, damit wir die Strategie gut umsetzen können?

Auch für dieses Spannungsfeld haben wir einige Zitate aus unseren Studien zusammengestellt, die unsere Ausführungen unterstreichen:

„Werte sind das Fundament jeder Organisation. Wenn man sie explizit macht, trägt das dazu bei, sie zu stärken und eine gemeinsame Sprache und Identität zu schaffen. Im Laufe der Zeit unterstützen sie so eine nachhaltige Leistung."

„Was ich beobachte, ist Folgendes: Wenn unsere Organisation unter Stress gerät, werden alle Kulturinitiativen gestoppt und nur noch an Strategie und Inhalt gearbeitet. Dadurch verlieren wir die Mitarbeiter:innen und viel Energie in der Umsetzung."

Beispiel aus der Praxis:

Wie kann die Strategieentwicklung durchlässig gestaltet werden?

Eine IT-Einheit eines Automotive-Konzerns in Deutschland: Der neue Bereichsleiter wusste, dass das Gelingen des Strategietransfers ein zentraler Erfolgsfaktor war. Gleichzeitig wurde der Bereich im Konzern eher als langsam und kritisch wahrgenommen. Wie konnte es gelingen, die Mannschaft mitzunehmen und die Strategie schnell in die Organisation zu tragen?

Im Vergleich zu früheren Strategieprozessen, die sehr abgeschlossen erfolgten, wurden die Diskussionen in einen Workshopbereich verlegt, der sich sehr sichtbar im Eingangsbereich des Gebäudes befand.

Mitarbeitende konnten die Workshopgruppen sehen und bei der Arbeit beobachten. Aus Sicherheitsgründen konnte man die Diskussionen nicht hören und keine Details erkennen, aber man konnte die Arbeit der Teams an der Strategie und deren Transfer beobachten. Mitarbeitende erlebten so eine Kultur des Teilhabens und eines gemeinsamen Gestaltens der Zukunft; das führte zu einem stärkeren Gefühl von Ownership und einer schnelleren Übertragung der Strategie in die Arbeitspraxis. Gleichzeitig wurden die Werte als wichtiger Teil der Strategie durch die Führungskräfte in den Workshops betont und damit der kulturelle Kontext der Strategie diskutiert. Die Führungskräfte und Teams konkretisierten die Werte in Verhaltensweisen, die ihnen für den Strategietransfer bedeutsam erschienen.

Für die Übermittlung in die Teams wurde ein Workshopformat gewählt, in dem zunächst die Führungskräfte cross-funktional arbeiteten. Dies sollte den Austausch fördern und in der Diskussion ein gemeinsames Verständnis der Strategie befördern. Im nächsten Schritt wiederholten die Führungskräfte die Formate mit ihren eigenen Mitarbeiter:innen, wobei sie sich gegenseitig unterstützten. Der Fokus lag auf dem Beitrag der Teams zu den strategischen Feldern und den Werten in der Zusammenarbeit, die für den Erfolg wichtig waren.

Im Verlauf des Prozesses war zu beobachten, dass das Vertrauen in die Strategie und in die Zukunft zunahm und sich auch die Wahrnehmung der Mitarbeitenden in Bezug auf ihre Rolle als Mitarbeiter:innen des IT-Bereichs änderte. Das Selbstverständnis der IT-Mitarbeitenden wandelte sich von einem Serviceleitbild hin zu der Rolle eines Impulsgebers oder einer Impulsgeberin. Der offene Prozess lieferte den Anstoß, diese neue Rolle in der Konzernorganisation auszufüllen und auch die Einführung von Agilität mit hoher Konsequenz voranzutreiben.

Reflexionsübung

Nutzen Sie auch hier die folgende Vorlage, um einzeln oder mit Ihrem Team über die Rolle dieser Spannung in Ihrem Arbeitsalltag nachzudenken. Wo befindet sich Ihre Organisation? Wo verorten Sie Ihr eigenes Führungsverhalten? Haben Sie im Spannungsfeld die richtige Balance? Zu welchem Thema haben Sie persönlich einen besseren Zugang? Was wäre ein erster Schritt, um Kultur und Strategie näher zusammenzubringen?

Reflexionsübung*: Kultur vs. Strategie

Organisationales Spannungsfeld 2

Ist meine Organisation eher strategie- oder kulturgetrieben?

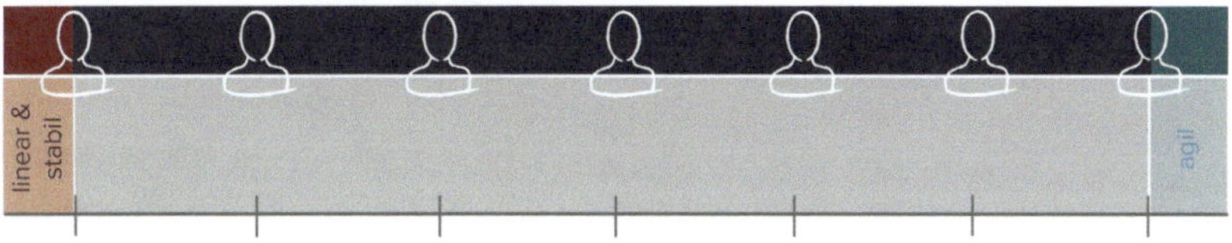

Reflexion: Welcher Fokus wird in der Organisation eher honoriert oder anerkannt?

Was bedeutet das für mein Verhalten als Führungskraft? Worauf konzentriere ich mich? Auf die Schaffung und Anpassung der strategischen Ausrichtung und inhaltlichen Umsetzung oder auf kulturelle Aspekte wie Zusammenarbeit, Verhaltensweisen und Werte?

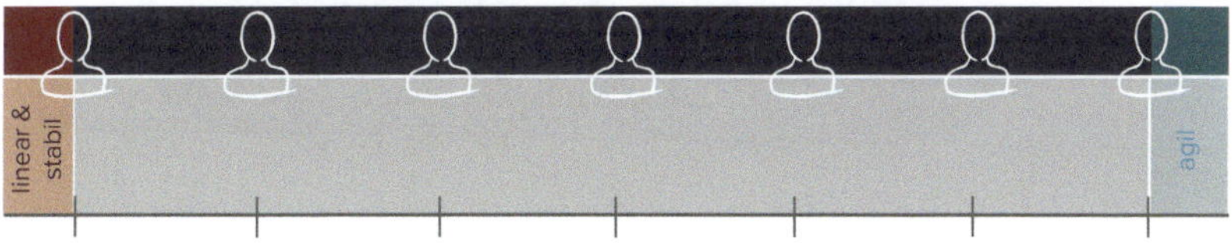

Reflexion: Nehme ich hier Spannungen wahr? Welche Herausforderungen bringt das mit sich?

* Dieses Template kann unter www.robust-leadership.com heruntergeladen werden.

2.3 Authentizität vs. Konformität

Abbildung 14: Spannungsfeld 3 – Authentizität vs. Konformität

Wie führe ich im Einklang mit der Kultur meines Unternehmens, mit den Werten, den Normen, und wie bin ich gleichzeitig mein authentisches Selbst? Ein wichtiger Teil der Rolle von Führungskräften besteht darin, mit gutem Beispiel voranzugehen. Führungskräfte müssen im Interesse des Unternehmens handeln und dessen Ziele unterstützen. Das bedeutet, Verhaltensweisen zu zeigen und zu fördern, die mit der Unternehmenskultur und den Unternehmenszielen im Einklang stehen. Es liegt in der Verantwortung der Führungskräfte, Orientierung zu geben, was erreicht werden soll und wie es erreicht werden soll, und zwar auf eine Art und Weise, die die Interessen des Unternehmens und die des Einzelnen in Einklang bringt und so das Engagement der Mitarbeitenden stärkt. Um als Vorbild erfolgreich zu sein, müssen Führungskräfte aber auch authentisch sein. Das bedeutet, real, ehrlich und aufrichtig zu sein und zu den eigenen Überzeugungen zu stehen [15].

Was aber, wenn Authentizität und Konformität zum Konflikt werden? Natürlich prüfen Unternehmen im Rekrutierungsprozess den kulturellen Einklang neuer Mitarbeitender, aber das hat seine Grenzen. Und es wird zum Problem, wenn die Kultur der Organisation und die Überzeugungen und Werte der Einzelnen nicht übereinstimmen. Entweder gelingt es dem oder der Einzelnen, sich an die bestehende Kultur anzupassen (über einen längeren Zeitraum kann er oder sie die bestehende Kultur nach und nach auch mitgestalten), oder die Lücke wird so groß, dass der oder die Einzelne die Organisation verlässt. Besonders wichtig wird dieser Gedanke vor dem Hintergrund des allgemeinen Trends hin zu einer inklusiveren und diverseren Unternehmenskultur, die allgemein als Bereicherung für Organisationen wahrgenommen wird.

Was bedeutet das für Führungskräfte? Was passiert beispielsweise, wenn sich die Kultur in der Organisation im Laufe der Zeit verändert und diese nicht mehr zu den Werten und Überzeugungen einzelner Führungskräfte passt? Oder was passiert, wenn der Vorstand eine völlig neue Personalstrategie oder Kulturausrichtung veröffentlicht, die das erlernte Selbstbild und die bisher relevanten Werte der Führungskraft infrage stellt? Dieses Spannungsverhältnis zwischen Konformität und Authentizität kann insbesondere in Zeiten rasanter Veränderungen und vielfältigerer Unternehmenskulturen immer wieder auftreten. Wie gehen Sie als Führungskraft mit den daraus resultierenden Spannungen um? Wie können Sie Balance schaffen?

Diese Spannung wurde von vielen Teilnehmenden unserer Studien erwähnt. Hier einige Beispiele, wie Führungskräfte sie in ihrer Arbeit erleben:

„Um Vertrauen zu fördern, ist es ein wichtiges Führungsverhalten, Verletzlichkeit zu zeigen. Leider wird das da, wo ich arbeite, weder verstanden noch gelebt."

„Es besteht eine Diskrepanz zwischen dem, was Führungskräfte sagen, und dem, was sie wirklich denken."

„Die Glaubwürdigkeit von Führungskräften basiert auf Authentizität und Kohärenz (sie tun, was sie sagen). In mittelständischen Unternehmen erlebt man Führungskräfte sehr nah und man lernt das Verhalten der Führungskräfte recht gut kennen. Wenn Werte, über die sie sprechen, nicht respektiert und gelebt werden, sind Vertrauen und eine Weiterentwicklung der Mitarbeitenden nicht möglich."

„Ein High-Performance-Team verfolgt ein gemeinsames Ziel, das mit den persönlichen Werten der beteiligten Personen und denen der Gruppe im Einklang steht."

„Als Führungskraft verlangen Sie von Ihren Teams niemals etwas, was Sie selbst nicht tun würden. Wasser zu predigen und den Wein selbst zu trinken, zerstört die Kultur des Unternehmens."

Beispiel aus der Praxis:

Einem Teamleiter, welcher neu in einem alteingesessenen Kommunikationsteam eines deutschen Automobilkonzerns startete, begegneten in den ersten Monaten seiner Arbeit erhebliche Widerstände aus dem Team, sein Führungsverständnis schien nicht den Erwartungen zu entsprechen. Der Teamleiter mit signifikanter Führungserfahrung auf internationaler Ebener war es gewohnt, mit einer coachenden Haltung zu managen, viele Freiräume zu lassen, Eigenverantwortung zu fördern und dem eigenen Team zur Seite zu stehen. Sein Team hingegen wünschte sich klare Ansagen, eine Führungskraft, die als eine Art Leitwolf voranschreitet, im Konzern für die Belange des Teams einsteht und Missverhalten bei Bedarf disziplinarisch ahndet.

Zu Beginn unseres Beratungsprozesses war die Bedürfnislandschaft aber weniger klar, in erster Linie waren Streitigkeiten innerhalb des Teams an der Tagesordnung und eine große Unzufriedenheit auf beiden Seiten deutlich.

Um ein klareres Verständnis der Lage zu erlangen und auch die Stimmen zu hören, die neben den sehr meinungsstarken Teamkolleg:innen nicht gehört wurden, führten wir zunächst Einzelinterviews mit allen Beteiligten durch. Hier wurden die Bedürfnisse, Ängste und Annahmen der Einzelnen deutlicher. So wurde z. B. aufgedeckt, dass dem neuen Chef die vielen Freiräume, die er gab, als mangelndes Interesse ausgelegt wurden; der Wunsch nach einem Leittier entstammte der Sorge, im Konzern als Team an Bedeutung zu verlieren. Zudem wurde klar, dass die Führungskraft vom Team am Führungsstil der vorherigen Leitungen gemessen wurde.

Ein Workshop zur Führungskultur im Team, in dem die Ergebnisse der Interviews diskutiert wurden und kollaborativ ein Führungsleitbild erarbeitet wurde, diente als erster Schritt, um die Kluft sowohl innerhalb des Teams als auch zwischen Team und Führung zu verkleinern. Zum Workshop gehörte aber ebenso eine klare Positionierung der Führungskraft dazu: Wo sind Eingeständnisse im eigenen Führungsverhalten gut möglich, und stoßen diese an Grenzen, weil sie mit der Authentizität der Führungskraft im Konflikt stehen würden. Dieser offene und vertrauensvolle Dialog in einem geschützten Rahmen und mit externer, und damit neutraler, Moderation mündete in regelmäßigen, selbstorganisierten

Teammeetings, in denen Führung und Zusammenarbeit im Team reflektiert und bei Bedarf Verbesserungsmaßnahmen entwickelt wurden.

Reflexionsübung

Wie gut stimmen Ihre eigenen Werte, Ziele und Überzeugungen mit denen Ihrer Organisation überein? Inwieweit spüren Sie persönlich ein Spannungsverhältnis zwischen Konformität und Authentizität? Wo befinden Sie sich hier? Nutzen Sie die folgende Reflexionsübung, um Ihre Gedanken zu dieser Spannung aufzuschreiben und für sich Schritte für eine bessere Balance zu finden.

Reflexionsübung*: Authentizität vs. Konformität

Leadership Spannungsfeld 3

Konzentriere ich mich v. a. darauf, konform mit den Werten und Zielen meines Unternehmens zu handeln oder darauf, authentisch zu agieren?

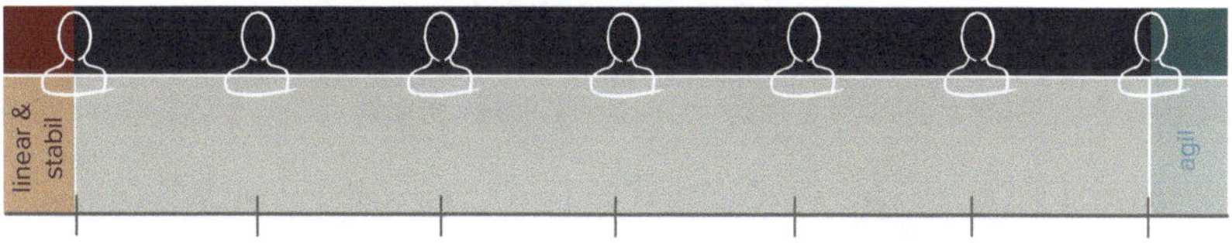

Reflexion: Wie gut stimmen meine eigenen Werte, Ziele und Überzeugungen mit denen meiner Organisation überein?

Reflexion: Nehme ich hier Spannungen wahr? Welche Herausforderungen bringt das mit sich?

Reflexion: Haben Sie im Spannungsfeld die richtige Balance? Was könnte als nächster Schritt für Sie hilfreich sein, um eine bessere Balance herzustellen?

* Dieses Template kann unter www.robust-leadership.com heruntergeladen werden.

2.4 Vertrauen vs. Vorgaben

Abbildung 15: Spannungsfeld 4 – Vertrauen vs. Vorgaben

Vertrauen spielt für Organisationen eine zentrale Rolle, genauso aber auch klare Orientierungshilfen und Vorgaben durch Führungskräfte. In einem hochdynamischen Unternehmensumfeld ist ein Vertrauensvorschuss essentiell, um Feedback, Lernen sowie (persönliche) Entwicklung und Wachstum zu ermöglichen. Der Ansatz, „Vertrauen muss man sich verdienen“, wird dem Druck, den eine VUCA-Welt auf Unternehmen ausübt, nicht (mehr) gerecht. Damit Vertrauen jedoch zu den richtigen

Ergebnissen führt und alle an einem Strang ziehen können, müssen die Ziele klar sein.

Es ist die Aufgabe von Führungskräften, Orientierung zu geben, eine klare Richtung zu formulieren und Vorgaben zu machen, um eine koordinierte Zusammenarbeit sicherzustellen. Dies ist auch deshalb relevant, weil eine Führungskraft in der Lage sein muss, den Anforderungen der eigenen Vorgesetzten gerecht zu werden und die eigene Position nicht durch eine zu breite Aufteilung der Macht zu schwächen. Teilweise müssen Führungskräfte auch unabhängig von ihrem Team Entscheidungen treffen und eigenständig handeln, um schnell reagieren zu können. Und auch Performance-Management wird in einer Kultur des Vertrauens nicht obsolet werden.

Wie kann eine Führungskraft also Vertrauen schenken und gleichzeitig Leitlinien vorgeben? Teams dazu ermutigen, Verantwortung zu übernehmen und bei Bedarf dennoch Top-Down-Entscheidungen treffen? Leistung ansprechen, ohne dass dies als Misstrauen oder veraltetes hierarchisches Verhalten aufgefasst wird?

Dies führt zu einer zweiten Facette dieses Spannungsfelds: Mehr Vertrauen ist ein Wegbereiter für mehr Transparenz in einer Organisation. Je größer die Transparenz in einer Organisation, desto leichter fällt es den Mitarbeitenden, Verantwortung zu übernehmen. Aber wie viel Transparenz ist für eine Organisation gesund? Transparenz kann sich in vielerlei Hinsicht positiv auswirken. Transparenz bei Strategien und Verantwortlichkeiten fördert beispielsweise die Bereitschaft der Mitarbeitenden, sich für die Unternehmensziele einzusetzen. Aber nicht jede Information, Überlegung und Entscheidung, die von Führungskräften (sofort) transparent gemacht wird, kann für ein Team hilfreich sein. Zu viel Transparenz kann sich negativ auswirken, etwa wenn vertrauliche Informationen offengelegt werden, wenn Veränderungen zu früh kommuniziert werden und sie noch nicht ausreichend vorbereitet oder ausformuliert sind.

Was bedeutet das für Führungskräfte? Den Teammitgliedern Vertrauen zu schenken und gleichzeitig die Richtung und Leistung eines Unternehmens sicherzustellen, wird zu einer entscheidenden Herausforderung. Dazu gehört auch, zu vermeiden, Teammitglieder zu demotivierten. Es fällt Führungskräften oft schwer, die richtige Balance zwischen zu viel und zu wenig Transparenz zu finden. Hier ist ein Mittelweg erforderlich, der eine Kultur der Transparenz fördert, in der einige Informationen dennoch vertraulich sein können und dürfen.

Dabei stehen folgende Fragen im Mittelpunkt: Wie können Führungskräfte eine Kultur des Vertrauens unterstützen und für Klarheit darüber sorgen, was eine Kultur des Vertrauens im operativen Alltag bedeutet? Und was ist die richtige Balance zwischen zu viel und zu wenig Transparenz?

Dieses Spannungsfeld wird in vielen Antworten der Studienteilnehmer:innen deutlich:

„Vertrauen muss von beiden Seiten gewonnen werden. Können Sie beispielsweise mit Ihrem Vorgesetzten streiten, ohne dass dies Konsequenzen hat?“

„Gibt es genügend Raum und Zeit, um Vertrauen aufzubauen? Es ist von entscheidender Bedeutung zu verstehen, dass Vertrauen der Schlüssel zum Geschäftserfolg ist und dass es die Leistung der Menschen steigert.“

„Beziehen Sie Mitarbeitende aktiv ein, teilen Sie Perspektiven, geben Sie Kontext, seien Sie offen und ehrlich, stehen Sie für Mitarbeiter:innen ein, respektieren Sie sie.“

Beispiel aus der Praxis:

Ein Beispiel für den Umgang mit diesem Spannungsfeld lieferte die Ländergesellschaft eines Pharmaunternehmens in Deutschland. Nach einer Restrukturierung war dem neuen CEO klar, wie zentral der Aufbau von Vertrauen in der Organisation sein würde. Viele Mitarbeiter:innen befanden sich in einer Krise, durch die Umorganisation war das Vertrauen verloren gegangen und ihre Motivation lag am Boden, was sich auch in dem Engagement-Index in den Mitarbeitenden-Befragungen zeigte. Gleichzeitig stiegen die Ansprüche vonseiten des Marktes und der globalen Organisation. Die Struktur war zudem von einer hohen Zentralisierung und starkem Mikro-Management geprägt, welches das mangelnde Vertrauen in die Leistung der Mitarbeitenden widerspiegelte.

Eine Kerninitiative, um diese negative Spirale zu durchbrechen, war ein Kulturprogramm, welches das Zutrauen in die eigenen Fähigkeiten als Organisation und das Vertrauen in die Mitarbeitenden und die Führung stärken sollte. Mehr Autonomie stellte sich hier als ein Stellhebel für den gemeinsamen Erfolg heraus.

Ähnlich dem militärischen Prinzip des „Commanders Intend“, oder „Führen im Auftrag“, wurde mit Fokus auf die Klarheit des angestrebten Zielzustandes im Rahmen der Initiative gearbeitet. Wenn Klarheit in der Zielsetzung herrscht, kann es eine große Freiheit in der Erarbeitung des Lösungsweges geben. Dieses Prinzip der Zielklarheit sollte es den Mitarbeitenden erlauben, selbst den besten Weg für die Umsetzung zu suchen. Dies ist insbesondere in Krisensituationen wichtig, da lange Befehlsketten für ein sich schnell änderndes Umfeld zu langsam sind, um angemessen auf die Umgebung reagieren zu können.

Das Prinzip des „Commanders Intend“ folgt einem Prozess von „Briefing und Backbriefing“. Die Führungskraft bespricht mit dem oder

der Mitarbeiter:in das Ziel und der oder die Mitarbeiter:in kommt in einem zweiten Schritt nochmals mit einem Backbriefing des Ziels und des geplanten Lösungsweges auf die Führungskraft zu. Hierdurch erhält die Führungskraft einen Eindruck, ob das Ziel im Sinne des Unternehmens richtig verstanden wurde und alle notwendigen Kompetenzen vorhanden sind. Der Prozess wiederholt sich zyklisch, bis das gesetzte Ziel erreicht ist.

Im Falle der Pharmagesellschaft wurden im Rahmen eines Train-the-Trainer-Ansatzes die Methodik und das Vorgehen trainiert und als Teil der Arbeitsweise in den Teams verankert. So konnte in der Praxis Vertrauen explizit verankert und Mikro-Management reduziert werden. Der Effekt der Kulturinitiative war ein starker Anstieg des Engagements innerhalb eines Jahres; die vorgegebenen Ziele wurden sogar übertroffen. Gleichzeitig konnte der Konflikt zwischen klaren Zielvorgaben und gelebtem Vertrauen ausbalanciert werden.

Reflexionsübung

Auch für das letzte der vier Spannungsfelder haben wir eine Reflexionsübung vorbereitet.

Wie viel Vertrauen schenken Sie Ihrem Team, wie viele Leitlinien setzen Sie, um Klarheit in der gemeinsamen Ausrichtung zu schaffen? Haben Sie im Spannungsfeld die richtige Balance? Wie viel Transparenz haben Sie und können Sie in Ihrem Team leben? Was kann Ihnen dabei helfen, Vertrauen im Team zu steigern und Zielklarheit zu erzeugen? Was könnte als nächster Schritt für Sie hilfreich sein, um eine bessere Balance herzustellen?

Nutzen Sie diese Fragen, um für sich selbst oder gemeinsam mit Ihrem Team zu reflektieren.

Reflexionsübung*: Vertrauen vs. Vorgaben

Leadership Spannungsfeld 4

Konzentriere ich mich v. a. darauf, Vertrauen in meinem Team zu stärken oder darauf, klare Richtlinien zu setzten und Orientierung zu geben?

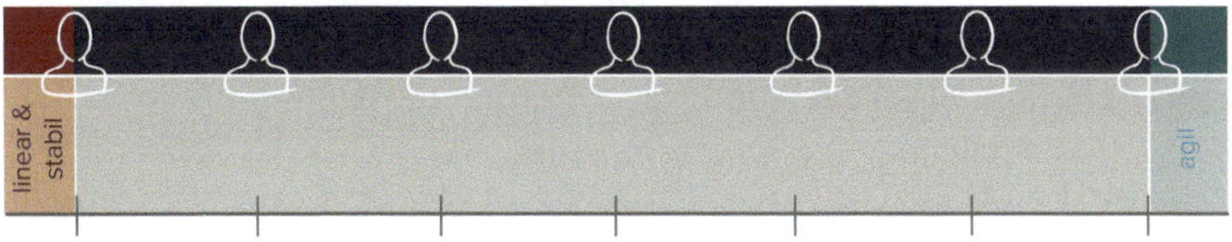

Reflexion: Was sind für mich Herausforderungen dabei, Vertrauen und Sicherheit in meinem Team zu schaffen und gleichzeitig für Ausrichtung und Orientierung zu sorgen?

Reflexion: Nehme ich hier Spannungen wahr? Welche Herausforderungen bringt das mit sich?

Reflexion: Haben Sie im Spannungsfeld die richtige Balance? Was könnte als nächster Schritt für Sie hilfreich sein, um eine bessere Balance herzustellen?

* Dieses Template kann unter www.robust-leadership.com heruntergeladen werden.

2.5 Reflexion der Spannungsfelder

An welcher Stelle haben Sie Ihre Organisation und sich selbst in den vier Spannungsfeldern verortet? Wie erleben Sie Spannungen mit Handlungsbedarf? Diese Form der Reflexion kann Ihnen helfen, an Ihrem Führungsverhalten zu arbeiten und Antworten auf die Anforderungen unterschiedlicher Führungssituationen zu finden.

In der abschließenden Reflexionsübung zu den vier Spannungsfeldern können Sie noch einmal betrachten, wie relevant die verschiedenen Spannungen für Ihre tägliche Arbeit sind. Welches Spannungsfeld sollten Sie sich genauer ansehen, weil sich hier besondere Herausforderungen ergeben? Welche Spannungsfelder sind in Ihrem Alltag derzeit weniger relevant und können vorerst beiseitegelegt werden?

Auf Basis dieser Übung können Sie einen Fokus finden, was Sie und Ihr Team zunächst adressieren möchten. Es bietet sich an, diese Reflexion in gewissen Abständen zu wiederholen, um immer wieder das Gleichgewicht herzustellen.

Robust Leadership Spannungsfelder*

Was leitet sich aus der Reflexion für Sie und Ihr Team ab? Welche Themen sollten Sie in einem nächsten Schritt adressieren?

Linear & stabil vs. agil

Wie stark nehme ich diese Spannung in meinem Arbeitsalltag wahr?

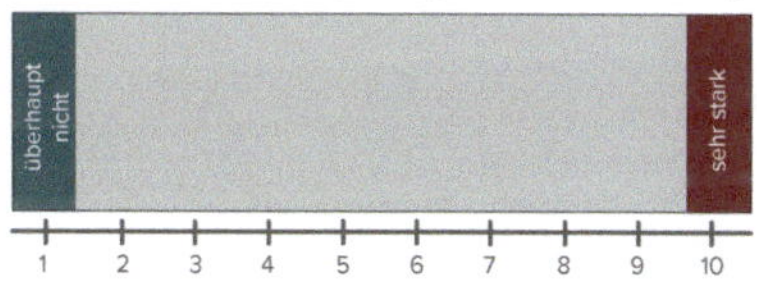

Kultur vs. Strategie

Wie stark nehme ich diese Spannung in meinem Arbeitsalltag wahr?

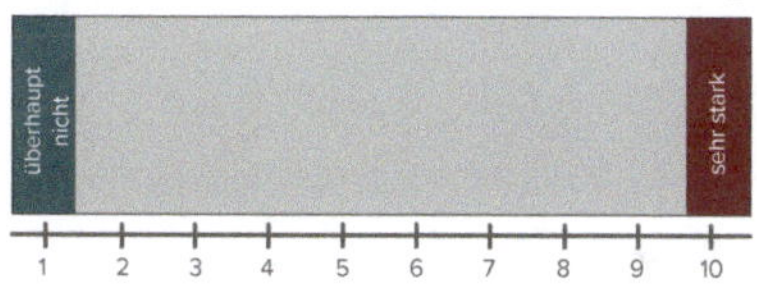

Vertrauen vs. Vorgaben

Wie stark nehme ich diese Spannung in meinem Arbeitsalltag wahr?

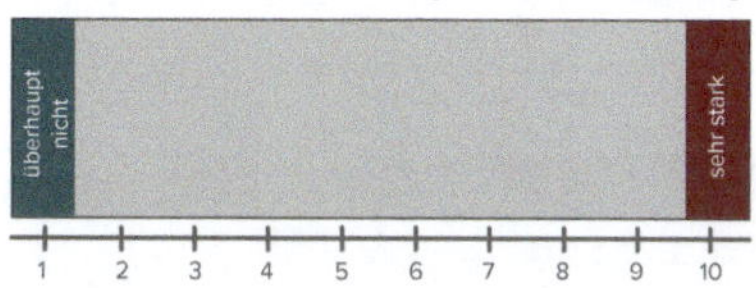

Authentizität vs. Konformität

Wie stark nehme ich diese Spannung in meinem Arbeitsalltag wahr?

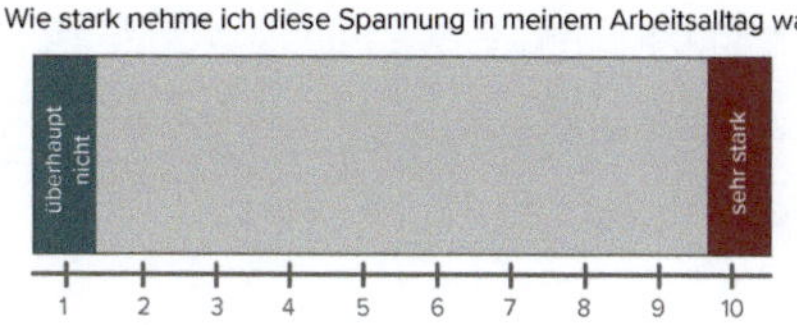

* Dieses Template kann unter www.robust-leadership.com heruntergeladen werden.

Key Take Aways aus diesem Kapitel:

- Bei der zukunftsorientierten Führung von Menschen und Organisationen gibt es kein „Entweder-Oder". Die Führungsaufgabe liegt in der „Beidhändigkeit", die Pole der Spannungsfelder auszugleichen bzw. die richtige Balance zu finden.
- Wir haben vier vorherrschende Spannungsfelder für Führung in einem dynamischen Umfeld identifiziert. Zwei organisatorische Spannungen und zwei Führungsspannungen:
  - Die Spannung zwischen der stabilen und agilen Organisation; ein Bereich, in dem Führungskräfte das Bedürfnis nach Stabilität der Organisation ausgleichen müssen und gleichzeitig agil reagieren bzw. Veränderungen initiieren müssen.
  - Das Spannungsverhältnis zwischen Kultur und Strategie, in welchem Führungskräfte einen ausgewogenen Fokus auf beide Pole entwickeln müssen. Noch viel mehr geht es in diesem Spannungsfeld um das Zusammenbringen von Strategie und Kulturarbeit.
  - Die Spannung zwischen Authentizität und Konformität entsteht, wenn Führungskräfte als authentische Vorbilder auftreten sollen und gleichzeitig im Konflikt mit den Werten, Vorgehensweisen und Zielen der Organisation stehen.
  - Im Spannungsfeld zwischen Vertrauen und Vorgaben spiegelt sich die Herausforderung wider, als Führungskraft ein hohes Maß an Vertrauen und Transparenz zu vermitteln, eine Lern- und Feedbackkultur in der Organisation zu fördern, gleichzeitig aber durch Leitlinien und Vorgaben Klarheit in der Ausrichtung zu geben und Performance zu thematisieren.

3 DAS ROBUST LEADERSHIP FRAMEWORK: WAS?

Fragen, die in diesem Kapitel beantwortet werden:

- Was ist das *WAS* im Robust Leadership Framework?
- Warum ist die Entwicklung von Foresight in der heutigen VUCA-Welt insbesondere wichtig?
- Wie hängt für Sie die Entwicklung von Foresight und Strategie im Sinne zukunftsorientierter Führung mit dem Robust Leadership Framework zusammen?

Wir werden nun eines der beiden zentralen Elemente unseres Robust Leadership Frameworks beschreiben, das *WAS*, nämlich *Foresight und Strategie.*

Unter dem Eindruck einer unsicheren Zukunft müssen Führungskräfte Orientierung geben. Sie müssen Orientierung dazu geben, *WAS* die Organisation erreichen will. Um dies zu bestimmen, ist Foresight von entscheidender Bedeutung. Foresight hat zwei Aspekte: Erstens beinhaltet es das Wahrnehmen von Veränderungen in der Unternehmensumwelt durch das Aufspüren von schwachen Signalen und Trends. Zweitens geht es bei Foresight nicht darum, Vorhersagen zu treffen, sondern zu verstehen, welche alternativen Zukunftsbilder möglich sein könnten [16]. Die

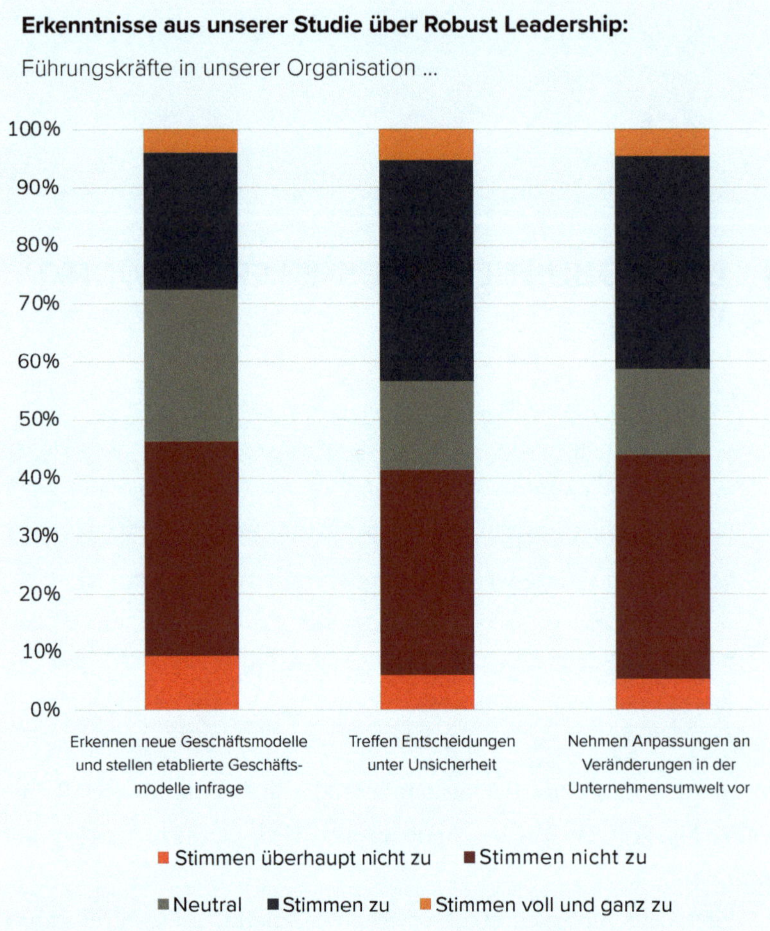

Abbildung 16: Erkenntnisse aus der Robust Leadership-Studie

Entwicklung von Foresight versetzt eine Führungskraft und eine Organisation in die Lage, nicht nur den möglichen Entwicklungspfad ihrer Branche zu kennen, sondern auch einen Rahmen zu schaffen, innerhalb dessen eine Organisation wählen kann, welche Zukunft wünschenswert ist.

Die wichtigsten Erkenntnisse:

- Die Mehrheit der Führungskräfte ist nicht in der Lage, neue Geschäftsmöglichkeiten zu erkennen oder etablierte Denkmodelle infrage zu stellen.
- Dies bedeutet, dass die Mehrheit der Führungskräfte vor der Herausforderung steht, sich in einem VUCA-Umfeld zu orientieren und den Veränderungen in ihrer Branche gerecht zu werden.
- Außerdem müssen die meisten Führungskräfte Entscheidungen unter Unsicherheit treffen oder sich an die Veränderungen in ihrer Branche anpassen.

Und dies wiederum ermöglicht die Formulierung einer sinnvollen Vision. Die Strategie ist dann der Plan, der es einer Organisation ermöglicht, diese Vision zu erreichen.

Die Elemente des *WAS*, nämlich Vorstellen, Wahrnehmen, Hinterfragen und Transferieren, beziehen sich auf das, was als Corporate Foresight beschrieben wird.

Corporate Foresight bedeutet, Faktoren zu identifizieren, zu beobachten und zu interpretieren, die einen Wandel auslösen, mögliche organisationsspezifische Auswirkungen zu bestimmen und angemessene organisatorische Reaktionen auszulösen. Corporate Foresight bezieht mehrere Stakeholder mit ein und schafft Wert, indem es Zugang zu kritischen Ressourcen vor dem Wettbewerb verschafft, die Organisation auf Veränderungen vorbereitet und es ihr ermöglicht, proaktiv auf eine gewünschte Zukunft zuzusteuern [17:2].

Diese Definition hat den Vorteil, dass sie sich nicht nur auf die Wahrnehmung von Veränderungen im Geschäftsumfeld in Form von schwachen Signalen und Trends konzentriert, sondern auch die Relevanz der

Interpretation miteinbezieht, wie sich diese Veränderungen in der Zukunft entwickeln könnten und wie sich Organisationen verändern müssen, um die aus Foresight gewonnenen Erkenntnisse zu berücksichtigen.

Darüber hinaus verstehen wir Foresight als eine vorwiegend langfristig ausgerichtete Tätigkeit. Wir unterstreichen hiermit die folgende Definition von Strategie: „Strategie ist die Ausrichtung und der Handlungsspielraum einer Organisation auf lange Sicht, die in einem sich verändernden Umfeld durch die Konfiguration von Ressourcen und Kompetenzen Wettbewerbsvorteile erzielt, um die Erwartungen der Stakeholder zu erfüllen“ [18:3].

Das *WAS* steht in engem Zusammenhang mit strategischem Denken, oder anders gesagt: Strategisches Denken ist ein Wegbereiter für die Entwicklung von Foresight auf individueller Ebene. Es ist die Aufgabe einer Führungskraft, sich vorzustellen, wie die Zukunft der Organisation anders aussehen kann, Annahmen über die Art und Weise, wie das Geschäftsmodell oder wie die Branche funktioniert, infrage zu stellen und neue Wege in Betracht zu ziehen. Indem sie Erkenntnisse und Annahmen explizit machen, definieren Führungskräfte die Vision und die konkreten Ziele der Organisation. Dies ist eine wesentliche Voraussetzung für die Strategieentwicklung. Es fördert auch die Innovation und ermöglicht es den Unternehmen, sich ständig an ein sich veränderndes Umfeld anzupassen.

Wir kennen im Zusammenhang mit Führung den Begriff „strategische Führung“ [11]. Er spiegelt wider, wie Führungskräfte ihre Unternehmen so umgestalten können, dass sie mit dem sich ständig und immer stärker verändernden Geschäftsumfeld zurechtkommen. Wir wollen jedoch im Kontext des Robust Leadership Frameworks spezifischer werden. Diese Diskussion hilft uns auch, besser zu verstehen, wie

Führungskräfte in einer VUCA-Welt mit einer unsicheren Zukunft Orientierung geben können.

Es wurde argumentiert, dass Top-Führungskräfte für ein breites Spektrum von Ereignissen und Trends in ihrem organisatorischen Umfeld sensibel sein müssen, die sich auf ihr Unternehmen auswirken können. Day und Schoemaker [19] stellen Foresight in den Mittelpunkt dessen, was sie als wachsame Führung bezeichnen, als einen Ansatz für Führungsteams zur Bewältigung der zunehmenden Turbulenzen im Unternehmensumfeld.

Paul Schoemaker [20], emeritierter Professor der Wharton School of Business, unterstreicht angesichts der COVID-19-Pandemie die Bedeutung der strategischen Führung. Er schlägt vor, dass Führungskräfte in solchen Krisen Fragen stellen sollten wie: Was sind die größten Unwägbarkeiten, die sich am Horizont abzeichnen? Welche Szenarien sollte das Management entwickeln? Welche strategischen Maßnahmen kann das Unternehmen ergreifen, um sich als Branchenführer zu etablieren? Wie robust sind diese Maßnahmen gegenüber den möglichen Szenarien? Hier wird eindeutig eine Verbindung zur Entwicklung von Foresight hergestellt, auch mit der Betonung darauf, Turbulenzen, wie Krisen, als Chance zu begreifen.

Ferner wird betont, dass Führungskräfte und Organisationen, die etwa in Szenarien planen, ihre Organisation insgesamt besser auf die Bewältigung von Krisen vorbereiten, was zu den dynamischen Fähigkeiten einer Organisation beiträgt. In früheren Untersuchungen wurde argumentiert, dass die Entwicklung von Foresight auf individueller (Führungs-)Ebene und auf Organisationsebene als sogenanntes Mikrofundament der dynamischen Fähigkeiten angesehen werden kann [21]. Wir finden auch Belege für Argumente, dass im Lichte der COVID-19-Krise eine langfristige Sichtweise durch die Anwendung von Foresight wesentlich ist [22], [23], [24]. Für uns sind Fragen wie: „Was ist unsere Vision?“, „Was ist unser Nordstern?“ oder „Was ist unser Warum?“ Gegenstand des Strategie- und Foresight-Teils unseres Robust Leadership Frameworks.

In der Theorie von Führung wird argumentiert, dass sich bei der Führung von Teams – oder bei extremen Ereignissen – die Erwartungen an eine Führungskraft ändern. Von Führungskräften in solchen Krisensituationen wird erwartet, dass sie durchsetzungsfähiger, direktiver und entschlossener sind [11]. Das aktuelle Umfeld von Organisationen scheint jedoch zu verdeutlichen, dass Krisen zum Beispiel zum „Normalfall“ im organisatorischen Umfeld werden, was auch unterstreicht, dass ein Krisenmodus nicht ausreicht, um auf diese Art von Organisationsumgebungen zu reagieren. Auch wenn dies vielleicht kontraintuitiv ist, vertreten wir den Standpunkt, dass ein Führungsstil in einer VUCA-Welt weniger auf Durchsetzungsvermögen, Direktive und Entschlossenheit ausgerichtet sein sollte, sondern vielmehr auf Zusammenarbeit, Offenheit und Transparenz.

Wenn wir unseren Rahmen für robuste Führung mit der Führungstheorie in Verbindung bringen, kann argumentiert werden, dass robuste Führung auch als eine Form der partizipativen Führung angesehen werden kann. Partizipative Führung ermöglicht, ganz allgemein gesprochen, die Einbeziehung anderer in die Entscheidungsfindung der Führungskräfte. Andere Begriffe, die in diesem Zusammenhang verwendet werden, sind gemeinsame Entscheidungsfindung, Machtteilung, Dezentralisierung, Ermächtigung und demokratisches Management [11]. Insgesamt wird argumentiert, dass folgende Vorteile erzielt werden können: höhere Entscheidungsqualität, höhere Akzeptanz der Entscheidung durch die Teilnehmer:innen, mehr Zufriedenheit mit dem Entscheidungsprozess und mehr Entwicklung ihrer Entscheidungsfähigkeiten [11].

Das Personalberatungsunternehmen Russell Reynolds Associates kam in einer Studie zu dem Schluss, dass die Eigenschaften, die CEOs von anderen unterscheiden, in drei Kategorien fallen [25]:

1. Vorausschauendes Denken: die Fähigkeit, für die Zukunft zu planen.
2. Unerschrockenheit: die Fähigkeit, in komplexen und schwierigen Umgebungen effektiv zu arbeiten.
3. Teambildung: die Fähigkeit, durch andere zum Erfolg zu kommen.

Auch hier zeigt sich die Notwendigkeit, beide Elemente (*WAS* und *WIE*) des Robust Leadership Frameworks zu berücksichtigen. Robuste Führungskräfte müssen in der Lage sein, der Organisation eine klare Orientierung zu geben und gleichzeitig die Strategie und die Werte der Organisation aktiv zu fördern. Mit anderen Worten: Die Führungskräfte müssen den Mitgliedern ihrer Organisation ausdrücklich und klar kommunizieren, *WAS* die Organisation erreichen will und *WIE* dies erreicht werden soll, d. h. auf der Grundlage welcher Werte, Praktiken und Strategien.

Was aber auch an dieser Stelle deutlich wird, ist, dass die Art und Weise, *WIE* man in einer Organisation zusammenarbeitet, bereits in vielen Elementen des *WAS* wesentlich ist. Zum Beispiel erfordert das Infragestellen von selbstverständlichen Annahmen Vertrauen und Transparenz innerhalb eines Führungsteams.

Im Folgenden werden wir nicht nur die Elemente unseres Frameworks für robuste Führung auf individueller Ebene beschreiben, sondern auch für jedes Element eine Reihe von Reflexionsfragen anbieten. Diese Fragen sind auch Teil unseres „Robust Leadership Assessment Tool", das wir später vorstellen werden und mit dem Sie die Robustheit Ihres Führungsstils und Ihrer Organisation bewerten können.

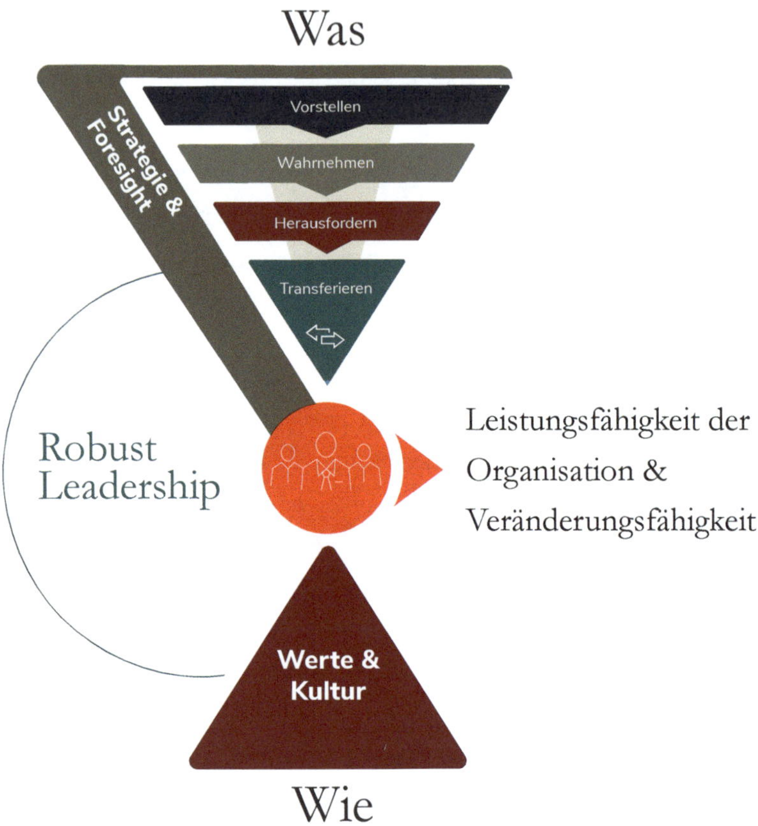

Abbildung 17: Robust Leadership Framework: WAS

3.1 Vorstellen

VORSTELLEN bzw. die *Vorstellungskraft* oder *IMAGINING* bezieht sich auf die Fähigkeit einer Führungsperson, darüber nachzudenken, wie die eigene Branche anders sein könnte, wie die Kund:innen andere sein könnten oder wie die Organisation anders sein könnte. Es ist aber auch die Fähigkeit, sich eine Vision für das Unternehmen vorzustellen und somit Orientierung und Stabilität für die Zukunft zu bieten.

In vielen Organisationen herrscht immer noch die Annahme vor, dass der Erfolg der Vergangenheit auch in Zukunft anhalten wird. Der Umgang mit den vielen Veränderungen könnte daher eher eine Frage der schrittweisen Anpassung oder der inkrementellen Innovation sein. Es ist jedoch schwierig, insbesondere für etablierte Organisationen, sich die Zukunft anders vorzustellen als die Vergangenheit. Auch hier ist strategisches Denken ebenso von zentraler Bedeutung wie die Anwendung der Instrumente, die wir aus dem Strategic Foresight kennen, wie z. B. die Szenarioplanung. Auch hier können wir die Verbindung zu Kultur und Werten sehen, das *WIE* in unserem Framework. Eine vertrauensvolle, offene und transparente Organisationskultur unterstützt diese Art von Überlegungen.

Eine zukunftsorientierte Führungskraft muss in der Lage sein, Orientierung zu geben, indem sie sich vorstellen kann, wie die Zukunft aussehen könnte, wie sie anders sein könnte, wie sich die Branche verändern könnte oder wie sich die Kundenpräferenzen in Zukunft ändern könnten. Diese Vorstellungskraft ist aufgrund der ihr innewohnenden Flexibilität ein Ausgangspunkt für eine robuste Führungspersönlichkeit.

Aber wie kann man diese Fähigkeit zur Vorstellung fördern? Für uns ist zentral, dass wir uns darüber im Klaren sind, dass wir die Zukunft nicht vorhersagen können und dass es so etwas wie die Zukunft auch eigentlich nicht gibt, die Zukunft ist offen. Wir müssen tatsächlich über mehrere Zukünfte[3] nachdenken.

Eine Möglichkeit, die Fähigkeit zur Vorstellungskraft zu fördern, ist beispielsweise das Lesen von Romanen. Es ist argumentiert worden, dass

3 Wir werden der Einfachheit halber von Zukunft sprechen, wobei wir dabei immer mitdenken, dass es sich um multiple Zukünfte handelt.

die Lektüre von Romanen mehrere positive Auswirkungen auf Führungskräfte haben kann, z. B. [26]:

1. Verbessertes logisches Denken,
2. komplexe Probleme verstehen,
3. gesteigertes Einfühlungsvermögen,
4. Stressabbau,
5. starke Vorbilder.

Vor allem aber kann man argumentieren, dass das Lesen von Romanen, und insbesondere von Science-Fiction, eine Möglichkeit ist, sich vorzustellen, wie die Zukunft anders aussehen könnte, und auch die eigenen Annahmen und Überzeugungen über die Zukunft zu hinterfragen [27].

Science-Fiction-Romane und -Filme wurden zum Beispiel in einem großen Unternehmen genutzt, um über die zukünftigen Auswirkungen der KI nachzudenken. Diese Überlegungen und unterschiedlichen Perspektiven halfen dem Unternehmen schließlich bei der Entwicklung einer ethischen Richtlinie für die Anwendung von KI im Unternehmen. Automobilhersteller Audi [27] berichtet über eine strukturierte Analyse von Science-Fiction, um sich nicht nur vorzustellen, wie die Zukunft der Mobilität aussehen könnte, sondern auch, was die größere Herausforderung ist, wie der zukünftige Kontext für Mobilität aussehen könnte.

3.2 Wahrnehmen

WAHRNEHMEN oder *SENSING* bezieht sich auf die Fähigkeit, Veränderungen im Unternehmensumfeld nicht nur anhand von schwachen Signalen und Trends zu erkennen, sondern auch Ideen zu entwickeln, wie diese sich weiterentwickeln könnten, welche Zukunftsszenarien denkbar sind. Wahrnehmen ist eine Schlüsselfähigkeit, um nahe an der Entwicklung im Umfeld zu bleiben und sich proaktiv an Entwicklungen anpassen zu können. So wird der Wandel eher als Chance denn als Risiko wahrgenommen.

Es lässt sich auch eine enge Verbindung zwischen Führung und Antizipation bzw. Wahrnehmung herstellen [28]. Hier wird argumentiert, dass Führungskräfte ihre Fähigkeiten, Dinge frühzeitig zu erkennen, entwickeln sollten, um ihre visionären Fähigkeiten auszubauen. Paul Schoemaker und sein Kollege George Day [29] haben in diesem Zusammenhang von der Fähigkeit gesprochen, eine periphere Sicht zu entwickeln. Das bedeutet, diese kleinen oder schwachen Signale des Wandels zu erkennen, die das Potenzial haben, sich mit der Zeit zu starken Signalen oder Trends zu entwickeln.

Außerdem müssen Führungskräfte die Fähigkeit entwickeln, die Punkte miteinander zu verbinden, d. h. sie müssen in der Lage sein, sich ein Bild davon zu machen, wie sich aufkommende Trends in der Zukunft auswirken können und wie sie miteinander verbunden sind [28]. Voraussetzung für das Nachdenken über die Zukunft ist jedoch, dass wir anerkennen, dass wir die Zukunft nicht vorhersagen können.

Vor diesem Hintergrund müssen sich robuste Führungskräfte mit einfachen Vorhersagen zurückhalten und sich vor Augen halten, dass die Zukunft offen ist. Außerdem müssen sie einen weiten Blickwinkel haben und vielleicht nicht nur Trends innerhalb ihrer Branche, sondern auch Trends in benachbarten Branchen beobachten. Insgesamt müssen robuste Führungskräfte in der Lage sein, Chancen und Risiken zu erkennen, bevor sie in vollem Umfang eintreten, um den Status quo aktiv infrage zu stellen, was bereits eine Brücke zum nächsten Element darstellt.

Eine Möglichkeit, Wahrnehmungsfähigkeiten zu erlangen, besteht darin, bewusst dem Nicht-Mainstream Aufmerksamkeit zu schenken, sei es durch Newsletter oder Konferenzen. Dazu kann es gehören, offen für Gespräche mit unterschiedlichen Menschen zu sein, und hier ist natürlich Vielfalt ein Schlüsselelement, sei es in Bezug auf ein Führungsteam oder das persönliche Netzwerk. Wir haben in der Vergangenheit gerne sogenannte Trendsafaris organisiert, bei denen wir Führungskräfte auf Reisen mitgenommen haben, damit sie Subkulturen oder aufkommende Technologien aus erster Hand erleben und so ein Bewusstsein dafür entwickeln konnten, was am Rande ihres Blickfelds, ihrer Wahrnehmung, geschieht.

3.3 Hinterfragen

HINTERFRAGEN oder *CHALLENGING* ist wahrscheinlich die schwierigste Fähigkeit, die man als Führungskraft oder Organisation entwickeln kann. Es ist die Fähigkeit der kreativen Zerstörung, die für die Anpassung erforderlich ist. Es bedeutet, dass man etwa die Annahmen darüber, wie sich die Zukunft entwickeln könnte, infrage stellt. Es ist die Fähigkeit, Dinge zu verlernen, die in der Vergangenheit funktioniert haben, aber in der Zukunft vielleicht nicht mehr hilfreich sein werden. Viele große Unternehmen verfügen in ihren Strategieabteilungen über ausgezeichnete Wahrnehmungsfähigkeiten. Wenn Sie aber nur eine neue Entwicklung in Ihrem Umfeld wahrnehmen, aber nicht in der Lage sind, Ihr Verhalten, Ihren Prozess oder Ihr Geschäftsmodell daran anzupassen, ist die Erkenntnis rein theoretisch. Das bedeutet, dass die Herausforderung der Schlüsselaspekt ist, um den Input aus der Umwelt wirklich in die Organisation zu übertragen und die Richtung zu ändern. Dies ist der Schlüssel, um eine sich im Umfeld abzeichnende Chance zu nutzen oder Risiken zu mindern.

Führungskräfte müssen ihren Organisationen Orientierung bieten, indem sie gängige Annahmen und selbstverständliche Überzeugungen infrage stellen und der Organisation neue Perspektiven bieten. Insbesondere in einer VUCA-Umgebung können „alte" Annahmen sehr gefährlich sein, die oft auf dem vergangenen Erfolg einer Organisation beruhen. Wenn die Führungskraft der Herausforderer, der Challenger, ist, signalisiert dies natürlich auch der Organisation die Relevanz dieser Fähigkeit.

Eine zukunftsorientierte Führungspersönlichkeit muss sich ständig der kognitiven Fehler bewusst sein, in die eine Organisation zu verfallen droht. Einer der Autoren erinnert sich an ein Kamingespräch mit dem Chief Operating Officer (COO) eines Versicherungsunternehmens vor einigen Jahren. Ein leitender Angestellter erklärte, er verstehe, dass Versicherungsprodukte wie Kfz-Versicherungen online verkauft werden könnten. Er war jedoch davon überzeugt, dass dies bei Lebensversicherungsprodukten nicht möglich sei. Der COO war völlig schockiert und antwortete: „Gehen Sie auf die Website eines unserer Konkurrenten und Sie werden sehen, wie Lebensversicherungen online verkauft werden." Wir können hier feststellen, dass offensichtlich bisher niemand die Annahmen dieses leitenden Managers infrage gestellt hatte. Darüber hinaus können wir uns ein Bild davon machen, wie sich nicht hinterfragte Annahmen langfristig auf ein Unternehmen auswirken können.

Das bedeutet aber auch, dass eine robuste Führungskraft offen sein muss. Nicht nur offen für neue Impulse aus der eigenen Organisation, sondern vor allem auch für Impulse von außen, z. B. durch den Aufbau und die Pflege von externen Netzwerken.

3.4 Transferieren

TRANSFERIEREN oder *TRANSFERING* ist die letzte identifizierte Fähigkeit. Das bedeutet, wie gut sind Sie in der Lage, eine neue Richtung einzuschlagen, sobald Sie sich für sie entschieden haben. Wie schnell können Sie Ihre Erkenntnisse in greifbare Maßnahmen umsetzen. Es geht darum, diese Erkenntnisse in die Tat umzusetzen, d. h. eine Strategie und damit eine Organisation so zu verändern, dass diese einen neuen Weg einschlagen kann. Man könnte argumentieren, dass dies der Teil ist, der die Organisation wirklich ‚umkrempelt'.

Für uns geht es bei der Übertragung vor allem darum, dass eine robuste Führungspersönlichkeit in der Lage ist, sich nicht nur eine andere Zukunft vorzustellen, Veränderungen wahrzunehmen und gängige Annahmen zu hinterfragen, sondern Teams auf der Grundlage dieser Erkenntnisse zu bewegen und diese Erkenntnisse auch in konkrete Maßnahmen umzusetzen.

Eine Organisation auf diese Weise zu führen, ist insbesondere in einer VUCA-Welt mit einer unsicheren Zukunft vor Augen wichtig. Es setzt voraus, dass Führungskräfte in der Lage sind, in ihren Teams und in der gesamten Organisation Verständnis für die Notwendigkeit von Veränderung zu erzeugen. Der Change-Guru Professor John P. Kotter argumentiert beispielsweise, dass Führungskräfte die Wirkung der Kommunikation einer Vision überschätzen. Er argumentiert, dass Führungskräfte, wenn sie das Gefühl haben, dass ihre Botschaft gut wahrgenommen wird, die Botschaft möglicherweise 10 bis 100 Mal wiederholen müssen [8], damit sie in einer Organisation verinnerlicht wird. Eine robuste Führungspersönlichkeit muss daher nicht nur in der Lage sein, eine klare Vision zu formulieren, sondern sie auch zu kommunizieren.

Darüber hinaus bedeutet das Transferieren für uns, dass robuste Führungskräfte in der Lage sind, Foresight in eine Strategie zu übertragen und diese dann in konkrete Projekte umzusetzen.

3.5 Reflexionsübungen

Bitte nehmen Sie sich nun einen Moment Zeit, um über die folgenden Fragen nachzudenken. Wenn Sie diese Übung mit Ihrem Team oder Ihren Kolleginnen und Kollegen durchführen, geben Sie allen etwas Zeit zum Nachdenken und tauschen Sie sich dann entweder alle zusammen oder in kleinen Gruppen über diese Überlegungen aus.

Reflexionsübung*: Vorstellen

Stellen Sie sich selten oder regelmäßig vor, wie Ihre Branche oder Ihr Unternehmen anders sein könnte?

Lesen Sie Romane, lesen Sie Science-Fiction?

Fällt Ihnen etwas ein, das Sie bei der Entwicklung Ihrer Vorstellungskraft unterstützen könnte?

* Diese Templates können unter www.robust-leadership.com heruntergeladen werden.

Reflexionsübung: Wahrnehmen

Berücksichtigen Sie auch aktiv Trends außerhalb Ihrer Branche?

Denken Sie im Hinblick auf die Zukunft Ihrer Branche in mehreren Zukünften oder mehreren Szenarien?

Suchen Sie aktiv nach Gesprächen, die Ihnen neue und andere Perspektiven eröffnen?

Reflexionsübung: Hinterfragen

Stellen Sie Ihre eigenen Annahmen aktiv infrage?

Stellen Sie die Annahmen innerhalb Ihres Teams oder Ihrer Organisation infrage?

Haben Sie in Ihren Organisationen eine Atmosphäre geschaffen oder erlebt, die das Hinterfragen von Annahmen begünstigt?

Reflexionsübung: Transferieren

Hat Ihre Organisation eine klare Vision formuliert und ist diese Vision ausreichend kommuniziert worden?

Wurde die Vision auf Ihr Team heruntergebrochen? Setzen Sie die Strategie in konkrete Projekte um?

Sind Sie und Ihre Organisation in der Lage, Erkenntnisse aus dem Umfeld konkret in die Anpassung Ihrer Ausrichtung und Handlungen zu übersetzen?

Key Take Aways aus diesem Kapitel:

- In Anbetracht einer unsicheren Zukunft ist es von entscheidender Bedeutung, dass Führungskräfte Orientierung in Bezug auf die Zukunft bieten, indem sie eine langfristige Perspektive entwickeln, sich der Veränderungen im Unternehmensumfeld bewusst sind und durch alternative Zukunftsbilder Foresight entwickeln.
- Robuste Führungskräfte müssen die Fähigkeiten des Vorstellens, Wahrnehmens, Herausforderns und Transferierens beherrschen.
- Das *WAS* im Robust Leadership Framework muss bereits das *WIE* widerspiegeln, das *WIE* in der Organisation ist ein Wegbereiter für das *WAS*.

4 DAS ROBUST LEADERSHIP FRAMEWORK: WIE?

Fragen, die in diesem Kapitel beantwortet werden:

- Was sind die wichtigsten Fähigkeiten auf der kulturellen Ebene für Führungskräfte und Organisationen, um in einem unsicheren Umfeld erfolgreich zu sein?
- Welche Aspekte von Führung und Kultur rücken in den Mittelpunkt der Diskussion?
- Wie ist Ihre persönliche Situation als Führungskraft?

Wie wir bereits erwähnt haben, ist es für uns von zentraler Bedeutung, dass Foresight und Strategie sowie Kultur und Werte Hand in Hand gehen. In einer Strategie wird überlegt, wie die bestehende Kultur eine bestimmte Vorgehensweise unterstützen kann, aber auch, wie eine bestehende Kultur verändert werden muss, um eine Strategie zu unterstützen. Foresight und Strategie sowie Kultur und Werte sind die zwei Seiten derselben Medaille. Es geht darum, beide gleichzeitig zu berücksichtigen und auszubalancieren, wenn eine Organisation erfolgreich in eine unsichere Zukunft steuern will.

Da Unternehmen heutzutage in einer hoch dynamischen Welt agieren müssen und mit einer unsicheren Zukunft konfrontiert sind, bedeutet die

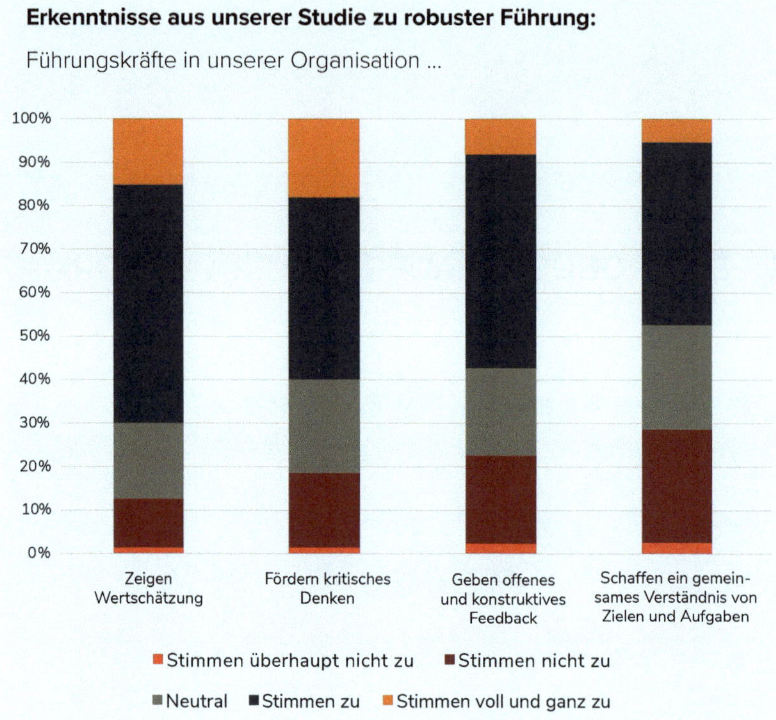

Abbildung 18: Erkenntnisse aus der Robust Leadership-Studie

Implementierung einer Vision, Strategie oder Innovation einen Wandel, eine Veränderung. Die Veränderung von Organisationen ist jedoch eine schwierige Aufgabe. John P. Kotter [8] hat mehrfach darauf hingewiesen, dass eine große Zahl von Veränderungsinitiativen scheitert. Gleichzeitig sind wir uns alle der Hindernisse für die Strategieumsetzung bewusst, z. B. dass nicht genügend Zeit für den Wandel zur Verfügung steht oder dass die Mitglieder einer Organisation den Wandel nicht annehmen,

Die wichtigsten Erkenntnisse:

- Die Robust Leadership-Studie suggeriert, dass Führungskräfte insgesamt bessere Fähigkeiten in Bezug auf das *WIE* in unserem Framework entwickelt haben als in Bezug auf das *WAS*.
- Weniger entwickelt ist jedoch die Fähigkeit, ein gemeinsames Verständnis von Aufgaben und Verantwortlichkeiten zu schaffen, was darauf hindeutet, dass Verantwortung weniger ausgeprägt ist.
- Bemerkenswert ist, dass etwa zwei Drittel der in unserer Robust Leadership-Studie befragten Führungskräfte aktiv ihre Wertschätzung für die von den Teammitgliedern geleistete Arbeit zeigen, was darauf hindeutet, dass ein vertrauensvolles Umfeld geschaffen wurde.

weil sie den Zweck des Wandels nicht verstanden haben oder sich nicht als Teil der Veränderungsreise fühlen.

Und das hat natürlich Auswirkungen:

(1) Strategie und folglich Foresight müssen in erster Linie mit dem Wandel zusammengedacht werden und

(2) Veränderung bedeutet immer auch, wie die Kultur einer Organisation die Umsetzung einer Strategie tatsächlich unterstützt.

Die Kultur einer Organisation ist kein Objekt, das man in die Eingangshalle stellen oder im Flur ausstellen kann. Kultur ist ein komplexes Konzept, das sich in vielen verschiedenen Verhaltensweisen, Traditionen oder Artefakten in einem organisatorischen Kontext widerspiegelt.

Eine Organisationskultur zu verstehen oder zu bewerten, ist eine schwierige Aufgabe. Edgar Schein [30:12] definiert Organisationskultur als „ein Muster gemeinsamer Grundannahmen, das die Gruppe bei der Lösung ihrer Probleme der externen Anpassung und internen Integration gelernt hat und das gut genug funktioniert hat, um als gültig angesehen zu werden und daher neuen Mitgliedern als die richtige Art und Weise, diese Probleme wahrzunehmen, zu denken und zu fühlen, beigebracht zu werden."

Um die Kultur in Organisationen explizit zu machen, haben wir uns in unserer Beratungsarbeit auf Werte konzentriert und betonen bei unseren Kund:innen die Leistungsrelevanz von Werten (Performance Relevance of Values). Brian Chesky, CEO von Airbnb, sagte einmal: „Kultur ist tausend Dinge, tausend Mal. Es geht darum, die Grundwerte zu leben; wenn man jemanden einstellt, wenn man eine E-Mail schreibt, wenn man an einem Projekt arbeitet, wenn man den Flur entlanggeht. Indem wir die Werte leben, haben wir die Macht, eine Kultur aufzubauen." Was sich für uns bewährt hat, ist die Verwendung von Werten als einem Proxy für die Kultur einer Organisation.

Hierbei stellen Werte eine Form der Aspiration dar, nach der Sie und Ihre Kolleg:innen streben. Was ist die Vereinbarung, nach der Sie sich verhalten wollen und nach welcher Sie das Miteinander gestalten? Wofür wollen Sie stehen, und was zeichnet sie als Organisation aus? Sind wir vertrauenswürdig, mutig, dynamisch? Neue Verhaltensweisen verfestigen sich durch Erfahrung und Wiederholung, bis sie in die Normalität übergehen und ein fester Teil der Kultur werden. Oftmals gelingt dies zunächst nicht oder nicht komplett im Alltag. Bisheriges muss verlernt und Neues erlernt werden. Werte bilden eine Möglichkeit, diesen Kreislauf des neuen Lernens zu formalisieren. Haltung schafft Verhalten und über die Erfahrung das Verhalten die Haltung.

Was bedeutet dies für Sie als Führungskraft? Führungspersönlichkeiten müssen auch in Bezug auf die Art und Weise, wie die Organisation ihre Ziele erreichen wird, Orientierung bieten. Mit anderen Worten: Wie müssen wir zusammenarbeiten, um erfolgreich zu sein? Warum müssen wir uns verändern und anpassen? Wie eine Organisation ihre Ziele in der

Praxis verfolgt, hängt grundlegend mit den Werten der Organisation und der Art und Weise zusammen, wie ihre Mitglieder sie umsetzen und erleben. Die Werte einer Organisation sind entscheidend für die Zusammenarbeit über verschiedene Hierarchieebenen und Funktionen hinweg und definieren die Organisationskultur.

Für unser Robust Leadership Framework sind daher Werte von zentraler Bedeutung. Uns geht es darum, wie Führungskräfte durch Werte Orientierung geben. Dies bedeutet jedoch, dass es nicht ausreicht, wenn Führungskräfte allgemeine Aussagen über Werte machen, z. B. „unsere gemeinsamen Werte sind", sondern dass es darum geht, Werte explizit zu machen, indem man über sie spricht, vor allem darüber, was sie für jeden Einzelnen, für ein Team bedeuten und wie man Werte nicht nur im Alltag leben will, sondern auch, wie man dies messen kann.

Wenn wir über Werte und ihre Bedeutung für die Leistung einer Organisation sprechen, berücksichtigen wir zwei Auswirkungen, die Werte haben können:

1. Werte, als Teil unseres Robust Leadership Frameworks, bieten Orientierung, wie Teams oder Organisationen zusammenarbeiten, um ein Ziel zu erreichen.
2. Ethisches Verhalten, zu dem auch Werte gehören, kann auch als eine Art und Weise wahrgenommen werden, wie sich Organisationen oder ihre Führungskräfte nach innen und außen verhalten.

Einer der Autoren erinnert sich an ein Gespräch mit dem Personalleiter eines weltweit führenden Versicherungsunternehmens vor einigen Jahren. Der Manager beschrieb die Arbeit an den Werten, die das Unternehmen durchlaufen hatte, so: „Wenn mich jemand nach unseren Werten fragt, ziehe ich meine Brieftasche heraus. Und in meiner Brieftasche habe ich eine Karte, auf der unsere Werte vermerkt sind." Auch wenn man argumentieren könnte, dass diese Organisation ihre Werte zumindest irgendwo aufgeschrieben hatte, würden wir diese Situation als verpasste Gelegenheit für die Führung bezeichnen, Werte als Mittel zur Orientierung zu nutzen.

Wir finden mehrere Hinweise, die unsere Ansicht über die Bedeutung von Werten für die Führung unterstreichen. Kim Scott [31] verweist auf das, was sie „Radical Candor“ nennt, um die Bedeutung von Führungskräften für den Aufbau von Beziehungen, persönlichen Beziehungen, zu ihren Teams zu unterstreichen. Der Aufbau von Vertrauen wird hier als Kernkompetenz beschrieben, um dann offenes, direktes und konstruktives Feedback, aber auch Verantwortung zu ermöglichen. Wir finden auch das Argument, dass kompetente Führungskräfte in der Lage sind, ein hohes Maß an Vertrauen, Engagement und Produktivität zu bewirken, während inkompetente Führungskräfte Ängstlichkeit und Entfremdung unter den Mitgliedern einer Organisation verbreiten [32].

Unsere Wertepyramide, die Teil unseres Frameworks für robuste Führung ist, umfasst sowohl die Perspektive des Einzelnen und des Teams als auch die der Organisation. Sie zeigt auf, welche Fähigkeiten für Teams und Organisationen entscheidend sind, um in einem unsicheren Umfeld zu bestehen.

Im Folgenden wird die Dynamik zwischen den Ebenen der Wertepyramide aufgezeigt, um einen Überblick über unser Robust Leadership Framework in Bezug auf das *WIE* zu geben.

Vertrauen ist in verschiedenen Dimensionen wichtig und ist zentraler Teil des Diskurses in der Literatur in Bezug auf die Gestaltung der Arbeitswelt und Zusammenarbeit. Die Stärke einer Kultur liegt in ihren Werten und darin, wie gut diese durch konsistente Verhaltensweisen, Rituale und Handlungen nach innen und außen vermittelt werden. Vertrauen baut auf verschiedenen Faktoren auf Team- und Organisationsebene auf. Wichtige Parameter sind zum Beispiel das Gefühl des Zusammenhalts im

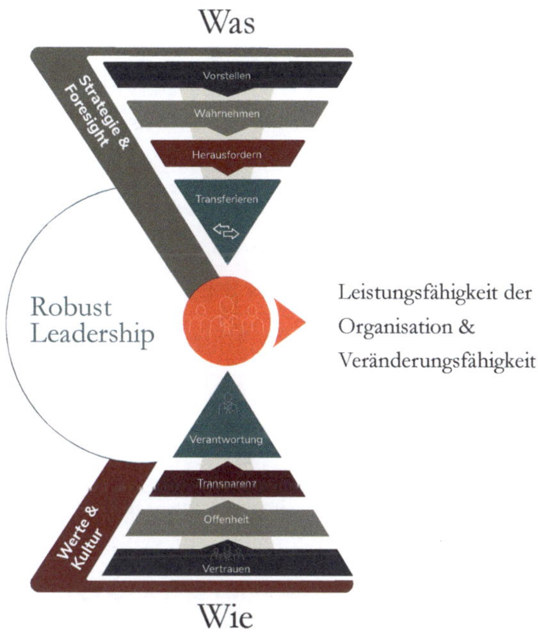

Abbildung 19: Robuster Führungsrahmen: WIE

Team – „wir sitzen im selben Boot" –, das Gefühl, einen individuellen Einfluss zu haben und dafür geschätzt zu werden.

Auf Teamebene ermöglicht Vertrauen Offenheit. Wenn wir einander vertrauen, können wir unsere unterschiedlichen Perspektiven, unsere Bedenken und Standpunkte offen austauschen. Dies ist nicht nur auf Teamebene, sondern auch auf organisatorischer Ebene sehr wichtig, denn die Vielfalt der Perspektiven ist notwendig, um Impulse aus dem Geschäftsumfeld wahrzunehmen und sich selbst zu hinterfragen. Wenn die Kultur eines Unternehmens sehr konform und nicht offen für andere Perspektiven ist, können Entscheidungen auf redundanten und gefilterten Informationen beruhen. Daher werden Veränderungen im Geschäftsumfeld möglicherweise nicht wahrgenommen oder sogar ignoriert. Eine

Kultur, die Offenheit in Teams und unterschiedliche Perspektiven zulässt, hat einen starken Einfluss auf die Wahrnehmungsfähigkeit im oberen Dreieck des Robust Leadership Frameworks.

Vertrauen und Offenheit schaffen die Voraussetzungen für eine Lernkultur. Nur wenn wir einander vertrauen, sind wir in der Lage, Transparenz zu schaffen und ehrliches Feedback zu geben. Fehlende Transparenz und fehlendes Feedback führen sowohl auf der individuellen als auch auf der Teamebene zu einem Mangel an Lernen und Entwicklung. Eine Führungskraft aus der Automobilbranche bestätigte dieses Phänomen im Rahmen eines Veränderungsprojekts: „In unseren Projekten stehen alle Ampeln auf grün, die Leute haben zu viel Angst vor den Konsequenzen, um etwas anderes zu melden. Jeder weiß, dass die Realität eine andere ist, aber jeder spielt mit." Patrick Lencioni beschreibt in seinem Buch *5 dysfunctions of a team* [33] die Teamdynamik, deren Effekt eine künstliche Harmonie ist, während die Konflikte unter der Oberfläche liegen. Auf organisatorischer Ebene zeigt sich der Effekt darin, wie gut eine Organisation in der Lage ist, Transparenz über Misserfolge herzustellen. Wenn ein Unternehmen an ehrgeizigen Zielen arbeitet und neue Wege beschreitet, sind Misserfolge Teil des Prozesses. In einem dynamischen und komplexen Umfeld steigt die Wahrscheinlichkeit von Misserfolgen als Teil des Anpassungsprozesses an neue Umstände oder der Neuausrichtung eines Unternehmens. Daher ist die Lernkultur eine Schlüsselfähigkeit, die es erfolgreich zu entwickeln gilt.

Dies bedeutet in der heutigen sich schnell verändernden Geschäftswelt, dass die Entwicklungs- und Lernfähigkeit eines Unternehmens mit seiner Wettbewerbsfähigkeit gleichzusetzen ist. Um dies zu erreichen, müssen Mitarbeitende sich mit Zukunftskompetenzen ausstatten, d.h. mit den Fähigkeiten, dem Wissen und den Kompetenzen, die erforderlich sind, um am Arbeitsplatz der Zukunft erfolgreich zu sein [34]. Eine zentrale Frage ist daher: Wie gut ist ein Unternehmen in der Lage, neue, in einem sich wandelnden Umfeld benötigte Fähigkeiten zu bewerten und zu entwickeln. Auch hier ist ein hohes Maß an Offenheit und Vertrauen in der Organisation erforderlich, um die notwendige Transparenz zu gewährleisten. Zu den Zukunftskompetenzen gehören eine Reihe von technischen und nichttechnischen Fähigkeiten wie kritisches Denken, Kreativität, emotionale Intelligenz, Zukunfts- und digitale Kompetenz. Die Entwicklung dieser Fähigkeiten innerhalb eines Unternehmens ist entscheidend für die Förderung von Innovationen, die Verbesserung der Produktivität und die Steigerung der Unternehmensleistung. Durch Investitionen in die Entwicklung von Zukunftskompetenzen können Unternehmen eine Belegschaft schaffen, die für die Herausforderungen der Zukunft gerüstet ist und den Erfolg fördert. Außerdem sind Mitarbeitende eher engagiert und motiviert, wenn sie die Möglichkeit haben, zu lernen und ihre Fähigkeiten zu entwickeln.

So wird beispielsweise „Digital Dexterity" als Kernfähigkeit einer Organisation gesehen, um erfolgreich Transformationen zu meistern. Sie umschreibt die Überzeugungen, Denkweisen und Verhaltensweisen, die die digitale Transformation beschleunigen. Die Wichtigkeit eines flüssigen Umgangs mit und der Einschätzung von Technologie hat die Pandemie eindrucksvoll unterstrichen und setzt sich in der aktuellen Debatte um den Einsatz von Künstlicher Intelligenz fort. Jedoch glauben laut einer Studie [35] nur 16 Prozent der beteiligten Führungskräfte, über eine hohe digitale Dexterity zu verfügen. Die Wahrscheinlichkeit erfolgreicher digitaler Transformationen steigt jedoch um das 3,3-fache bei hoher digitaler Dexterity der Beteiligten.

Die Spitze der Pyramide ist die Verantwortung. Verantwortung ist entscheidend für die Leistung. Klare Verantwortlichkeiten auf Organisationsebene ermöglichen es, Entscheidungen und Aufgaben an

Mitarbeiter:innen mit den richtigen Fähigkeiten und Qualifikationen zu übertragen. Dies wirkt dem Mikromanagement und den damit einhergehenden langsamen Entscheidungsprozessen entgegen. Dies ist in dynamischen Umgebungen, die schnelle Anpassungen erfordern, von entscheidender Bedeutung.

Um Verantwortung zu verwirklichen, ist Vertrauen in die Mitarbeiter:innen erforderlich. Vertrauen und Verantwortung sind sozusagen die Kehrseiten einer Medaille. Verantwortungsübernahme erfordert Entscheidungsfreiheit bei der Lösung eines Problems, der Durchführung einer Aufgabe oder der Erzielung von Wirkung. Sich nicht verantwortlich zu fühlen, kann zu Unaufmerksamkeit gegenüber den Ergebnissen und geringer Leistung in einer Organisation führen, wie Lencioni es eindrücklich schildert [33]. Wie Brene Brown [15] in ihrem Buch *Dare to Lead* hervorhebt, umfasst die Verantwortung das Recht, über ein bestimmtes Thema zu entscheiden, und die Führungskräfte müssen sicherstellen, dass die Fähigkeiten angemessen sind. Darüber hinaus braucht Verantwortung das Vertrauen in die Mitarbeiter:innen, um die Aufgabe erfolgreich zu bewältigen.

Verantwortung ist daher eine entscheidende Komponente der organisatorischen Leistung, da sie dazu beiträgt, dass Einzelpersonen und Teams die Verantwortung für ihre Handlungen und Entscheidungen übernehmen. Wenn Einzelpersonen für ihre Leistung verantwortlich gemacht werden, ist es wahrscheinlicher, dass sie ihre Arbeit selbst in die Hand nehmen, nach Spitzenleistungen streben und Entscheidungen treffen, die mit den Zielen und Werten der Organisation übereinstimmen [36]. Neben der Verbesserung der Leistung trägt die Verantwortlichkeit auch zum Aufbau von Vertrauen innerhalb einer Organisation bei. Wenn Einzelpersonen für ihre Handlungen zur Rechenschaft gezogen werden, zeigt dies, dass die Organisation Ehrlichkeit und Integrität schätzt und sich dafür einsetzt, dass jeder fair und konsequent behandelt wird. Zusammenfassend lässt sich sagen, dass die Verantwortung eine Schlüsselkomponente für den Aufbau von Vertrauen und das Erreichen von Zielen ist. Organisationen, die der Verantwortung einen hohen Stellenwert einräumen, sind auf lange Sicht eher erfolgreich.

In den folgenden Abschnitten wird jedes Element des *WIE* unseres Robust Leadership Frameworks eingehend erläutert, einschließlich einer Anleitung zur Reflexion für Führungskräfte.

4.1 Vertrauen

Die Basis unserer Wertepyramide ist *VERTRAUEN* oder *TRUST*. Vertrauen ist von grundlegender Bedeutung: Es ist die Basis, auf der alles andere aufgebaut werden muss, insbesondere im Hinblick auf die Verantwortlichkeit für Handlungen und Entscheidungen.

Vertrauen kann als die Überzeugung definiert werden, dass andere in unserem Interesse handeln werden, und es ist ein wesentlicher Bestandteil sozialer Interaktion. In Organisationen ist Vertrauen entscheidend für den Aufbau von Beziehungen zwischen Einzelpersonen, Teams und der Organisation als Ganzes. Vertrauen ist ein wesentliches Element bei der Schaffung einer positiven Organisationskultur, in der sich die Mitarbeiter:innen sicher, geborgen und wertgeschätzt fühlen und in der Zusammenarbeit und Kooperation gefördert werden [37].

Vertrauen in Organisationen kann sowohl als kognitiv als auch als affektiv bezeichnet werden. Kognitives Vertrauen bezieht sich auf die Wahrnehmung, dass andere kompetent und zuverlässig sind und gute Absichten haben, während affektives Vertrauen auf emotionalen Verbindungen und Gefühlen von Wärme und Zuneigung gegenüber anderen beruht. Sowohl kognitives als auch affektives Vertrauen sind wichtig für den Aufbau starker Beziehungen und positiver Ergebnisse in Organisationen [38].

Vertrauen spielt eine entscheidende Rolle bei der Gestaltung der Einstellung und des Verhaltens der Mitarbeiter:innen gegenüber ihrer Arbeit und ihrem Unternehmen. Untersuchungen haben gezeigt, dass Mitarbeiter:innen, die ihren Führungskräften vertrauen, mit größerer Wahrscheinlichkeit ein positives Arbeitsverhalten an den Tag legen, wie z. B. ein höheres Engagement, eine höhere Arbeitszufriedenheit und ein stärkeres Engagement für die Organisation. Darüber hinaus hat sich gezeigt, dass das Vertrauen in die Führungskräfte positiv mit der Arbeitsleistung zusammenhängt.

Vertrauen spielt auch eine wichtige Rolle bei der Teamdynamik und -leistung. In Teams mit einem hohen Maß an Vertrauen ist es wahrscheinlicher, dass sie effektiv zusammenarbeiten, Informationen austauschen und auf gemeinsame Ziele hinarbeiten. Vertrauen zwischen den Teammitgliedern kann zu einer besseren Entscheidungsfindung, mehr Kreativität und besseren Problemlösungsfähigkeiten führen. Außerdem kann Vertrauen in Teams die zwischenmenschlichen Beziehungen verbessern und zu größerer Arbeitszufriedenheit und geringerer Fluktuation führen.

Vertrauen wirkt sich auch auf die Unternehmensleistung aus. Organisationen mit einem hohen Maß an Vertrauen haben eine höhere Wahrscheinlichkeit, positive Ergebnisse zu erzielen, wie z. B. eine höhere Produktivität, mehr Innovation und eine bessere finanzielle Leistung. Vertrauen kann auch zu einer verbesserten Kundenzufriedenheit und -treue führen, da Kund:innen eher mit Organisationen Geschäfte machen, denen sie vertrauen.

Vertrauen ist außerdem die Grundlage für den Aufbau psychologischer Sicherheit. Psychologische Sicherheit ist ein Konzept, das in den letzten Jahren große Aufmerksamkeit erlangt hat, insbesondere im Zusammenhang mit Organisationsverhalten und Teamdynamik. Es bezieht sich auf das Ausmaß, in dem sich der Einzelne sicher und wohl fühlt, wenn er sich ausdrücken, seine Ideen und Meinungen mitteilen und Risiken eingehen kann, ohne negative Konsequenzen befürchten zu müssen. Psychologische Sicherheit ist erwiesenermaßen ein Schlüsselfaktor für die Förderung von Zusammenarbeit, Kreativität und Innovation sowie für den Abbau von Stress und die Verbesserung der psychischen Gesundheit.

Für Viele ist Vertrauen der wesentliche Baustein von Führung, insbesondere wenn das Ziel der Führung darin besteht, andere zu befähigen [39]. Hier hat der Aufbau von Vertrauen drei Hauptfaktoren: Authentizität, Logik und Empathie. Authentizität bedeutet, dass die Mitglieder einer Organisation die Interaktion mit einer Führungskraft als „echt" empfinden. Logik bedeutet, dass man Vertrauen in das Urteilsvermögen und die Kompetenz der Führungskraft hat, und Empathie bedeutet, dass die Führungskraft als jemand wahrgenommen wird, der sich um die Mitglieder seiner Organisation kümmert.

In ihrem viel diskutierten Buch *Humanocracy: Creating Organizations as Amazing as the People Inside Them* befürworten Garry Hamel und Michele Zanini [40] den Umbau von Organisationen von der bürokratischen Kontrollbesessenheit hin zu einer Organisation, die den menschlichen Beitrag maximiert, was sie als „Humanocracy" bezeichnen. Auch in diesem Konzept spielt Vertrauen eine entscheidende Rolle, ebenso wie in unserem Konzept der Performance Relevance of Values.

Die Schaffung von Vertrauen in einer Organisation hängt sehr stark davon ab, wie sich die Führungskräfte verhalten und wie sie versuchen, Vertrauen in der Organisation zu schaffen. Für uns bedeutet Vertrauen zu schaffen, dass die Führungskräfte beispielsweise ihren Teammitgliedern vertrauen und dass Vertrauen nicht über einen langen Zeitraum hinweg verdient werden muss. Dazu kann auch gehören, dass die Führungskräfte eine Atmosphäre schaffen, in der Misserfolge als wertvolle Gelegenheit zum Lernen wahrgenommen werden und nicht als etwas, wofür die Mitarbeiter:innen sanktioniert werden.

Zur Schaffung von Vertrauen in einer Organisation gehört auch, dass die Mitarbeiter:innen die Erfahrung machen, dass die Führungskräfte ihre Wertschätzung für die geleistete Arbeit und für andere vorgeschlagene Initiativen aktiv zeigen. Und weiter, dass die Führungskräfte eine starke Identität des „wir sitzen im selben Boot" schaffen und sich schützend vor ihr Team stellen. Dazu könnte auch gehören, dass Führungskräfte das Gefühl der individuellen Bedeutung und des Beitrags zu gemeinsamen Zielen in der Organisation fördern.

4.2 Offenheit

Für uns bezieht sich *OFFENHEIT* oder *OPENESS* auf die Art und Weise, wie wir miteinander kommunizieren, wie wir unsere Erkenntnisse und Bedenken teilen. Offenheit ist von zentraler Bedeutung, wenn wir zum Beispiel über neue Trends, die Zukunft und natürlich darüber diskutieren, was sich in einer Organisation ändern muss. In seinem Buch *Who Says Elephants Can't Dance?* beschreibt Lou Gerstner [41], der ehemalige CEO von IBM, den Wandel von IBM von einem Unternehmen, das Hardware produziert, zu einem Unternehmen, das Lösungen anbietet. Als er bei IBM anfing, fiel ihm auf, dass in den Sitzungen mit den Topmanagern wenig diskutiert wurde. Später entdeckte Gerstner, dass eine große Anzahl von Führungskräften Assistent:innen hatte, sehr intelligente junge Leute. Es stellte sich jedoch heraus, dass diese Assistent:innen der Führungskräfte viele Sitzungen vorbereiteten, indem sie im Voraus das Ergebnis von Entscheidungen aushandelten, Konflikte vermieden und auf Kompromisse drängten. Dies führte bei IBM jedoch zu einer Kultur des Nicht-Diskutierens und der Einigung auf einen minimalen Standard oder Kompromiss. Lou Gerstner hat diesem System schnell ein Ende bereitet.

In einem VUCA-Umfeld müssen wir unsere selbstverständlichen Annahmen infrage stellen, unsere gegensätzlichen Perspektiven austauschen und offen diskutieren. Um diese offenen Debatten zu führen, muss eine Kultur der Offenheit gefördert werden, die in einer Kultur des Vertrauens wurzelt. Eine Kultur, in der alle Mitglieder der Organisation darauf vertrauen können, dass die Äußerung ihrer Meinung keine negativen Auswirkungen haben wird, und selbst wenn sie den Standpunkt des Vorstandsvorsitzenden infrage stellen, sie darauf vertrauen können, dass dies gewürdigt und nicht sanktioniert wird.

Wir sind der festen Überzeugung, dass in Organisationen, die mit einem VUCA-Umfeld und einer unsicheren Zukunft konfrontiert sind, Offenheit ein wichtiges Gut ist, und die Voraussetzung dafür ist, wie schon gesagt, natürlich Vertrauen. Für uns beginnt Offenheit in einer Organisation damit, dass die Mitarbeitenden von einer von ihren Führungskräften geschaffenen Atmosphäre profitieren, die einen offenen Austausch von Ideen, Gefühlen und Bedenken fördert. Dazu gehört auch, dass die Führungskräfte kritisches Denken und das Ansprechen anspruchsvoller Themen fördern. Die Aufstellung einfacher Brainstorming-Regeln, wie z. B. andere nicht zu kritisieren, wilde Ideen zu fördern, konzentriert zu bleiben, ein Gespräch nach dem anderen zu führen und auf den Ideen anderer aufzubauen [42], können sehr hilfreich sein, um in einer Organisation eine Atmosphäre der Offenheit zu schaffen.

Zu einer offenen Atmosphäre in einer Organisation trägt außerdem bei, dass die Mitarbeitenden von ihren Führungskräften ermutigt werden, funktions- und hierarchieübergreifend zu kommunizieren. Eine robuste Führungskraft kann dies erreichen, indem sie dieses Prinzip vorlebt, indem sie sich zum Beispiel funktions- und hierarchieübergreifend in der Organisation austauscht.

4.3 Transparenz

Offenheit führt uns zu unserem nächsten Element der Wertepyramide: TRANSPARENZ oder TANSPARENCY. Wenn wir in Bezug auf unsere Aufgaben oder Ziele, unsere Anliegen, unsere Herausforderungen im Zusammenhang mit einem Problem und natürlich auch mit unseren Misserfolgen transparent sind, ermöglichen wir ein Vorgehen, das für Organisationen in einem VUCA-Umfeld von großem Nutzen ist. Mit zunehmender Dynamik und Unsicherheit im Geschäftsumfeld sehen sich viele Unternehmen etwa dem Druck ausgesetzt, schneller zu innovieren. Die Behauptung „Wer nicht gescheitert ist, hat es nicht versucht" ist populär geworden. Für viele Unternehmen ist es jedoch schwierig, sich mit dem Gedanken des Scheiterns anzufreunden.

Stellen Sie sich ein traditionelles deutsches Maschinenbauunternehmen vor, das sehr stolz darauf ist, keine oder nur sehr, sehr wenige Fehler zu machen. Das Zulassen von Fehlern bei der Innovation bei gleichzeitigem Perfektionismus in der Produktion ist ein schwer zu erreichendes Gleichgewicht. Transparenz, ermöglicht durch Offenheit und Vertrauen, ist hier jedoch der Schlüssel. Es muss transparent gemacht werden, wer woran arbeitet und wie die Ziele des Unternehmens mit der Gesamtstrategie verknüpft sind.

In der jüngeren Vergangenheit werden OKRs (Objectives and Key Results) [43] als Methodik zunehmend eingesetzt, um eine Organisation auf ein gewünschtes Ziel hin zu lenken. Die OKR-Methode selbst wurde bereits in den späten 1970er-Jahren von Andy Grove bei Intel entwickelt und später von John Doerr populär gemacht, der sie in den 1990er-Jahren bei Google einführte. Die Methode dient dazu, klare, messbare Ziele (Objectives) und die dazugehörigen Schlüsselergebnisse (Key Results) festzulegen, die den Fortschritt hin zu diesen Zielen messen. Objectives sind qualitative, inspirierende Ziele, die das „Was" definieren. Key Results sind quantitative, messbare Ergebnisse, die das „Wie" darstellen und den Erfolg des jeweiligen Objectives bewerten. OKRs werden typischerweise quartalsweise gesetzt und überprüft, was eine kontinuierliche Anpassung und Fokussierung auf die wichtigsten Prioritäten ermöglicht. Eines der OKR-Schlüsselprinzipien besteht darin, vollständige Transparenz über die Ziele und deren Erreichung zu schaffen. Dies setzt jedoch voraus, dass eine Organisation in der Lage ist, mit dieser Art von Transparenz tatsächlich umzugehen. Wenn dies gegeben ist, fördern OKRs Transparenz, Ausrichtung und Engagement im gesamten Unternehmen und helfen dabei, durch messbare Erfolge ambitionierte Ziele zu erreichen.

Transparenz ist die Grundlage für Ausrichtung und Feedback, die es einer Organisation und ihren Mitgliedern ermöglicht zu lernen. Transparenz ist zudem eine wichtige Grundlage für Vertrauen, um sich weiterentwickeln zu können.

Auf organisatorischer Ebene wird dies durch die Lernkultur eines Unternehmens beschrieben. Eine Lernkultur ist für Organisationen, die im heutigen, sich schnell verändernden Geschäftsumfeld wettbewerbsfähig bleiben wollen, von entscheidender Bedeutung. Durch die Förderung des kontinuierlichen Lernens und der Entwicklung können Unternehmen das Engagement, die Bindung und die Leistung ihrer Mitarbeiter:innen verbessern und eine innovativere und anpassungsfähigere Belegschaft schaffen. Untersuchungen haben gezeigt, dass Unternehmen mit einer ausgeprägten Lernkultur in der Regel ein höheres Maß an Mitarbeiterengagement, Mitarbeiterbindung und Gesamtleistung aufweisen [44].

Eine der wichtigsten Komponenten einer Lernkultur ist die Führung. Führungskräfte, die dem Lernen und der Entwicklung einen hohen Stellenwert einräumen und dies vorleben, können einen erheblichen Einfluss auf die Schaffung einer Lernkultur in ihren Unternehmen haben. Sie können dies tun, indem sie das Lernen der Mitarbeiter:innen unterstützen, Möglichkeiten zur Zusammenarbeit und zum Wissensaustausch schaffen und eine wachstumsorientierte Denkweise fördern [45]. Ein weiterer wichtiger Aspekt einer Lernkultur ist die Verfügbarkeit von Lernressourcen. Unternehmen, die ihren Mitarbeitenden eine Vielzahl von Lernressourcen wie Online-Kurse, Workshops, Mentoring und Coaching zur Verfügung stellen, fördern tendenziell eine Kultur des kontinuierlichen Lernens und der Entwicklung [45].

Um Transparenz und Feedback zu fördern, müssen Führungskräfte auf der Grundlage von Offenheit regelmäßig Kontext und Orientierung für Entscheidungen, Ziele, Aufgaben und Verantwortlichkeiten in ihrer Organisation bieten. Dies ist natürlich auch eine Herausforderung in Bezug darauf, wie transparent ich als Führungskraft sein kann, aber OKRs sind beispielsweise ein Mittel, um in einer Organisation transparent zu machen, wer was beitragen muss, um die Organisation bei der Erreichung ihrer Ziele zu unterstützen.

4.4 Verantwortung

Schließlich baut *VERANTWORTUNG* oder *ACCOUNTABILITY* auf den vorhergehenden Elementen auf. Führungskräfte und Mitarbeiter:innen in einer Organisation sollten sich auf Augenhöhe begegnen und gegenseitig darauf vertrauen, dass jeder seine jeweilige Verantwortung wahrnimmt. Gleichzeitig müssen sich die Führungskräfte aber auch bewusst sein, dass die Mitarbeitenden bestimmte Rollen und Verantwortlichkeiten in einer Organisation haben, die erfüllt werden müssen. Führungskräfte können die Verantwortlichkeit in ihrer jeweiligen Organisation unterstützen, indem sie zum Beispiel ein gemeinsames Verständnis der Ziele und Aufgaben immer wieder neu festschreiben (z. B. durch Briefing und Backbriefing). Und natürlich, indem sie immer wieder betonen, was in einer Organisation erreicht werden soll und wie dies erreicht werden soll. Führungskräfte müssen sich verpflichten, Verantwortung vorzuleben, und sie müssen Systeme und Prozesse einrichten, die Verantwortung auf allen Ebenen der Organisation unterstützen.

Verantwortung kann innerhalb einer Organisation durch eine Vielzahl von Methoden gefördert werden, darunter klare Leistungskennzahlen, regelmäßiges Feedback und Kommunikation sowie Konsequenzen für schlechte Leistungen oder Fehlverhalten. Organisationen, die der Verantwortung einen hohen Stellenwert einräumen, erreichen mit größerer Wahrscheinlichkeit ihre Ziele, ziehen Top-Talente an, binden sie an sich und genießen einen guten Ruf [46].

Ein interessanter Ansatz in diesem Zusammenhang ist der Commander's-Intent. Dabei handelt es sich um einen in militärischen Operationen entwickelten Führungsansatz. Der Commander's-Intent sorgt nicht nur für Klarheit und Orientierung, sondern ist auch von entscheidender Bedeutung für die Gewährleistung der Rechenschaftspflicht und der Aufrechterhaltung des Situationsbewusstseins während eines Einsatzes. Indem der Gesamtauftrag und die Ziele klar kommuniziert werden, sind Einzelpersonen und Teams besser in der Lage, ihre Rollen und Verantwortlichkeiten zu verstehen und können für ihre Handlungen zur Rechenschaft gezogen werden [47].

Verantwortung ist in jeder Organisation wichtig, besonders aber bei militärischen Operationen, bei denen Menschenleben auf dem Spiel stehen können. Mit dem Commander's-Intent haben Einzelpersonen und Teams ein klares Verständnis des Gesamtauftrags und der Ziele und sind besser in der Lage, fundierte Entscheidungen zu treffen und geeignete Maßnahmen zu ergreifen, die mit dem Auftrag in Einklang stehen. Dies wiederum trägt dazu bei, dass alle Beteiligten auf das gleiche Ziel hinarbeiten und dass alle Maßnahmen mit dem Gesamtauftrag in Einklang stehen.

Ein weiterer wichtiger Aspekt des Commander's-Intent ist das Backbriefing als Führungsinstrument, bei dem Einzelpersonen und Teams ihren Vorgesetzten Feedback geben, um sicherzustellen, dass sie den Auftrag und die Ziele klar verstehen. Backbriefing trägt dazu bei, dass alle Beteiligten auf dem gleichen Stand sind und dass es keine Missverständnisse oder Fehlkommunikation gibt, die zu Fehlern oder Irrtümern führen könnten. Darüber hinaus informiert es die Führungskraft über die Kompetenz der Teammitglieder und darüber, ob sie die Fähigkeiten besitzen, eine Aufgabe wirklich zu lösen.

Backbriefing ist ein wichtiger Aspekt von Verantwortung, da es sicherstellt, dass Einzelpersonen und Teams ihre Rollen und Verantwortlichkeiten wahrnehmen und aktiv an der Mission beteiligt sind. Durch Feedback und Fragen können Einzelpersonen und Teams sicherstellen, dass sie den Auftrag und die Ziele in vollem Umfang kennen und geeignete Maßnahmen ergreifen können, um sie zu erreichen.

Commander's-Intent ist ein leistungsfähiges Instrument zur Ausrichtung von Einzelpersonen und Teams auf ein gemeinsames Ziel. Es hilft, Klarheit und Orientierung zu schaffen, die Kommunikation zu verbessern, Unsicherheiten und Unklarheiten zu verringern und die Effizienz und Effektivität zu steigern.

4.5 Reflexionsübungen

Bitte nehmen Sie sich einen Moment Zeit, um über die folgenden Fragen nachzudenken, zu reflektieren. Wenn Sie diese Übung mit Ihrem Team oder Ihren Kolleginnen und Kollegen durchführen, geben Sie allen etwas Zeit zum Nachdenken und tauschen Sie sich dann entweder alle zusammen oder in kleinen Gruppen über diese Überlegungen aus.

Reflexionsübung*: Vertrauen

Haben Sie das Gefühl, dass man Ihnen in Ihrem Unternehmen vertraut?

Muss man sich Vertrauen in Ihrer Organisation verdienen?

Haben Sie in Ihrem Team oder Ihrer Organisation eine Atmosphäre des Vertrauens geschaffen?

* Diese Templates können unter www.robust-leadership.com heruntergeladen werden.

Reflexionsübung: Offenheit

Gibt es in Ihrer Organisation eine Atmosphäre der Offenheit?

Schaffen Sie aktiv eine Atmosphäre der Offenheit in Diskussionen?

Zeigen Sie Wertschätzung für kritisches Denken in Ihrem Team?

Reflexionsübung: Transparenz

Haben Sie Transparenz über die Ziele der Organisation?

Haben Sie Ihre Ziele als Führungskraft für Ihr Team transparent gemacht?

Geben und erhalten Sie konstruktives Feedback, um individuell und als Team besser zu werden?

Reflexionsübung: Verantwortung

Haben Sie ein gemeinsames Verständnis von Verantwortlichkeiten und Aufgaben in Ihrem Team oder Ihrer Organisation geschaffen?

Wird in Ihrem Team oder Ihrer Organisation Verantwortung angenommen und für diese eingestanden?

Haben Sie Backbriefing in Ihrer Organisation zur Schaffung eines gemeinsamen Verständnisses ausprobiert?

Key Take Aways aus diesem Kapitel:

- Vertrauen, Offenheit, Transparenz und Verantwortung sind die Elemente des *WIE* in unserem Robust Leadership Framework. Vertrauen führt zu Offenheit, Offenheit führt zu Transparenz und schließlich führt Transparenz zur Verantwortung.
- Auf der Organisationsebene steht Vertrauen für stabile Werte, Offenheit für Diversität der Perspektiven, Transparenz für eine Lernkultur und Future Skills, und Verantwortung für Klarheit in Verantwortlichkeiten und Ausrichtung.
- Die Elemente sind zentral, um eine zukunftsorientierte Organisation zu schaffen.

5 EINE ROBUSTE ORGANISATION WERDEN

Fragen, die in diesem Kapitel beantwortet werden:

- Wie können Organisationen robust werden?
- Wie lässt sich die individuelle Perspektive der robusten Führungskraft mit der robusten Organisation verknüpfen?
- Was sind Ansätze zur Förderung der Robustheit von Organisationen?

Im Folgenden wollen wir erörtern, wie das Robust Leadership Framework in der Praxis auf Organisationsebene angewendet werden kann. Wie wir bereits erwähnt haben, diskutieren wir unser Robust Leadership Framework aus zwei Perspektiven:

1. der organisationalen und
2. der individuellen Perspektive.

Natürlich sind diese beiden Ebenen nicht voneinander zu trennen, sondern sie sind miteinander verflochten. Wenn wir also diese beiden Ebenen beschreiben, werden wir feststellen, wie die eine Ebene die andere unterstützt und umgekehrt. Das *WIE* und das *WAS* in unserem Framework beschreiben zwei Seiten derselben Medaille. In diesem Kapitel werden wir uns nun mehr auf die organisatorischen Aspekte konzentrieren.

Im Folgenden werden wir anhand von Beispielen aus unserer Praxis aufzeigen, wie robuste Führung auf Organisationsebene entwickelt werden kann. Im Zusammenhang mit unseren Grundsätzen für robuste Führung werden wir die Bedeutung von Partizipation und Engagement hervorheben, um das *WAS* und das *WIE* in Einklang zu bringen. Darüber hinaus werden wir den IICM (Institut für Innovation und Change Methodik) Change-Key als Mittel zur Strukturierung der Bemühungen zur Veränderung einer Organisation vorstellen. Anschließend diskutieren wir eine Fallstudie, die aufzeigt, wie das Zusammenspiel von *WAS* und *WIE* eine Organisation bei der Erreichung ihrer Ziele unterstützt hat.

5.1 Partizipation und Engagement

Für uns sind die Beteiligung und das Engagement von entscheidender Bedeutung für die Entwicklung von Robustheit in einer Organisation. Wir finden insbesondere die Diskussionen zu Open Strategy hilfreich, um unseren Ansatz zu gestalten.

In der Vergangenheit waren Strategieprozesse eine Aktivität für leitende Manager:innen und ihre Berater:innen, entweder interne oder externe Strategieberater:innen, und höchst vertraulich. Open Strategy beschreibt Ansätze, die sowohl große Gruppen innerhalb einer Organisation als auch externe Stakeholder in die Strategieentwicklung einbeziehen [48]. Professor Julian Birkinshaw [49] von der London Business School argumentiert, dass der Grad der Offenheit bei der Strategieentwicklung in den letzten Jahren deutlich zugenommen hat. Offenheit wird in diesem Zusammenhang als Grad der Inklusivität (wer ist beteiligt) und der Transparenz des Prozesses (wie viele Informationen werden geteilt) bezeichnet. Die Vorteile von Open Strategy werden wie folgt zusammengefasst: größere Kreativität, höheres Engagement und gemeinsame Sensibilisierung [50].

Die Informationstechnologie (IT) hat ebenfalls zu Open Strategy-Ansätzen beigetragen, indem sie Formate ermöglicht hat, die eine größere Anzahl von Teilnehmenden einbeziehen können, als dies normalerweise in persönlichen Workshops möglich ist, z. B. Online-Crowdsourcing, Strategie-Wiki-Software und E-Mail-Listen sowie die Zusammenarbeit in Workshops in Online-Meetings. Darüber hinaus wurde argumentiert, dass Foresight-Ansätze wie Szenarioplanung und Business Wargaming, zumindest im Hinblick auf ihren Workshop-Charakter, im Kontext von Open Strategy nützlich zu sein scheinen [51].

Sowohl bei der Szenarioplanung als auch beim Business Wargaming wird die Zukunft in interaktiven Workshops erforscht. Während bei der Szenarioplanung der Schwerpunkt auf der Untersuchung des externen Umfelds eines Unternehmens oder einer Branche und der Erkundung alternativer plausibler Zukunftsbilder liegt, konzentriert sich das Business Wargaming auf die Frage, wie sich die Wettbewerbslandschaft einer Branche in Zukunft verändern wird. Kees van der Heijden [10], einer der einflussreichen ehemaligen Leiter des Szenarioplanungsteams bei Royal Dutch/Shell, hat die Szenarioplanung auch als „Kunst der strategischen Gespräche“ bezeichnet, und man kann argumentieren, dass der Kern beider Ansätze darin besteht, dass die Teilnehmer:innen gemeinsam einen Sinn für ihr Geschäftsumfeld entwickeln, indem sie die vielfältigen Perspektiven der Beteiligten einbeziehen. Darüber hinaus kann auch zum Beispiel Trendforschung in einem Open Strategy-Ansatz durchgeführt werden.

Der Rahmen für robuste Führung beruht auf Inklusivität und Zusammenarbeit, was bedeutet, dass die Führungskräfte ein breiteres Spektrum von Mitgliedern in die Diskussionen einbeziehen müssen, die die Werte der Organisation und deren Umsetzung definieren. Zum Beispiel wäre es für eine Organisation von Vorteil, Mitarbeiter:innen auf verschiedenen

Hierarchieebenen in die Diskussion über die Rolle des Vertrauens bei der Erfüllung verschiedener Aufgaben und der Verfolgung verschiedener Ziele einzubeziehen.

Unser Framework unterstreicht, dass die Förderung von Robustheit in der Organisation die Anwendung bestimmter Ansätze und Praktiken erfordert, wie z. B. spezifische Instrumente und Methoden. Diese Ansätze und Praktiken hängen wiederum von der Fähigkeit der Führungskraft ab, der Organisation Klarheit und Orientierung zu geben und ein gemeinsames Verständnis ihrer Ziele und Werte unter ihren Mitgliedern zu fördern. Offenheit und Zusammenarbeit sind daher von zentraler Bedeutung für den von uns vorgeschlagenen Rahmen für robuste Führung.

Sowohl Offenheit als auch Zusammenarbeit sind grundlegend für den bereits beschriebenen Ansatz der Open Strategy. Dieser Ansatz hebt die vielen Vorteile hervor, die sich aus der Einbeziehung breiterer Gruppen in den Prozess der Strategieentwicklung ergeben, anstatt diese Aufgabe ausschließlich den Führungskräften und Topmanager:innen zu überlassen. Eine offene Strategie ist integrativ und kreativ. Darüber hinaus muss man bei einem solchen Ansatz auch berücksichtigen, wie man zusammenarbeitet. Und wie wir später in unserer Fallstudie erörtern werden, können sich das *WAS* und das *WIE* gegenseitig unterstützen.

Die hier genannten Ansätze sind nicht exklusiv. Es gibt natürlich noch viele weitere Ansätze oder Workshop-Settings, die sich gut für die Förderung von Partizipation und Engagement eignen. Ansätze wie Design Thinking oder Futures Literacy Labs, um nur einige zu nennen, sind in dieser Hinsicht natürlich auch gut geeignet. Und natürlich ist es auch der Zweck unseres Robust Leadership Frameworks, einen Rahmen zu bieten, der dann mit eigenen Ideen und Ansätzen gefüllt werden kann.

In unserer Praxis haben wir jedoch vor allem Ansätze als hilfreich empfunden, die sich auf die Zukunft konzentrieren. Oft wird die Zukunft in Organisationen, aber auch unter Interessengruppen, als ein offener Raum wahrgenommen, der Diskussionen jenseits alltäglicher Beschränkungen wie Budgets oder Planungszyklen oder Organisationspolitik ermöglicht.

5.2 Change-Key

Für die Bewältigung des Wandels arbeiten wir mit dem Bild unseres sogenannten Change Capabilities Key, aufbauend auf dem McKinsey Influencing Model [52]. Dieses Framework basiert auf der Überzeugung, dass die von einer Veränderung Betroffenen die Veränderung entsprechend ihrer Richtung, dem *WAS* und dem *WIE*, verstehen müssen. Des Weiteren müssen sie die entsprechenden Fähigkeiten und Kompetenzen aufweisen, um sich unter den veränderten Bedingungen zurechtzufinden. Dazu gehört, dass sie Führungskräfte brauchen, die als Vorbilder fungieren, die mit gutem Beispiel vorangehen, indem sie das gewünschte neue Verhalten vorleben, und dass sie Strukturen und einen organisatorischen Aufbau auffinden, die das neue, veränderte Verhalten belohnen. Im Folgenden werden wir den Change Capabilities Key genauer diskutieren.

Grundlegend stehen in dem Modell die Klarheit im *WAS* und *WIE* dem täglichen Handeln der Mitarbeiter:innen gegenüber. Die Verhaltensweisen, die dort sichtbar werden, spiegeln sowohl die Leistungsfähigkeit einer Organisation als auch Veränderungen. Das Modell beschreibt die zentralen Wirkhebel, um eine Organisation mit auf die Reise zu nehmen.

Verstehen und Motivation: Die Mitglieder einer Organisation, Führungskräfte und Mitarbeiter:innen, die von organisatorischen Veränderungen betroffen sind, müssen verstehen, warum sich die Dinge ändern. Dies hilft, Leugnung oder ein Gefühl des Verlustes zu überwinden und

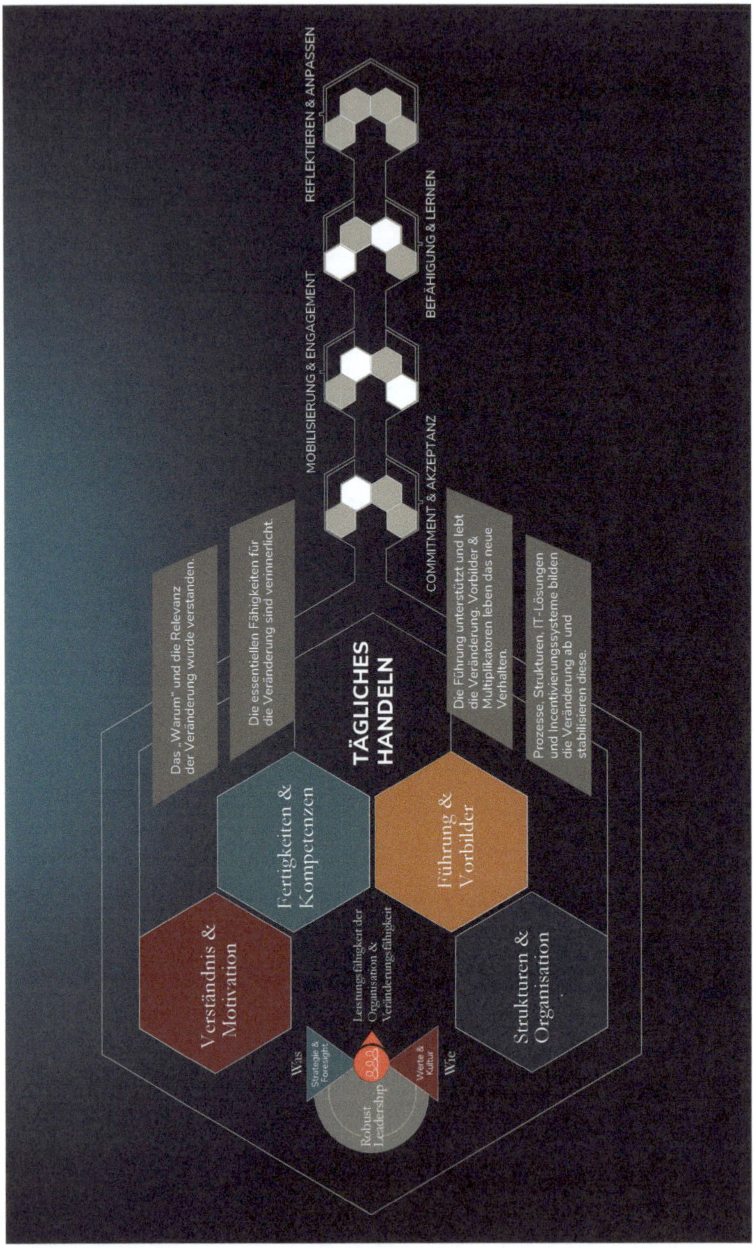

Abbildung 20: Der IICM Change-Key

den Fokus auf die Vorteile der Veränderung zu legen. Die Betroffenen sollten motiviert werden, den Wandel zu unterstützen, indem man ihnen ein klares Bild, eine Vision davon vermittelt, was mit dem Wandel Gutes erreicht werden soll. Nur mit diesem gemeinsamen Verständnis ist eine Anpassung des unterstützenden Verhaltens der Betroffenen möglich.

Fertigkeiten und Kompetenzen: Auf der Grundlage von Verständnis und Motivation müssen die richtigen Fähigkeiten und Kompetenzen gefördert werden, um den Wandel umzusetzen und in dem neuen, veränderten Umfeld erfolgreich zu arbeiten/zu handeln.

Führung und Rollenmodellierung: Die Rolle der Führungskräfte ist entscheidend für einen erfolgreichen organisatorischen Wandel. Sowohl die oberste als auch die mittlere Führungsebene müssen das neue, veränderte Verhalten, das sie bei ihren Mitarbeitenden sehen wollen, vorleben, Sicherheit und Orientierung geben und die Mitarbeitenden zur Nachahmung dieses Verhaltens motivieren.

Strukturen und Organisation: Schließlich müssen Strukturen geschaffen werden, die die neuen, veränderten Gegebenheiten ermöglichen und fördern, wie Zielsysteme, Organisationsstrukturen, Betriebsvereinbarungen. All diese Strukturen müssen in die neue, angestrebte Richtung weisen. Wenn z. B. ein Unternehmen ein innovativer Vorreiter in seiner Branche werden möchte, sein Zielsystem aber innovationsförderndes Verhalten nicht belohnt oder gar erwähnt, werden die Mitarbeiter:innen nicht motiviert sein, innovationsförderndes Verhalten an den Tag zu legen, oder sie könnten am Ende des Zielsystemzyklus sogar frustriert sein.

Die vier Felder fungieren untereinander wie ein Energiesystem. Oftmals müssen Führungskräfte sich mehr engagieren, wenn es einer Organisation nicht gelingt die Sinnhaftigkeit von strategischen Maßnahmen und Richtungen zu vermitteln. Oder Mitarbeiter:innen nehmen

Zusatzarbeit in Kauf, wenn ein Prozess nicht passgenau ist. Im Bild gesprochen kann man umschreiben, dass eine Organisation, die auf allen Feldern erfolgreich ist, es schafft, die Energie der gesamten Organisation auf ein Ziel auszurichten.

Der Change Capabilities Key hat mehrere Funktionen für unsere Arbeit, u. a. eröffnet dieses Framework einen Dialog darüber, was für eine erfolgreiche Veränderung notwendig ist, er legt die Notwendigkeit nahe, alle Elemente für eine ganzheitliche Gestaltung von Veränderungsprozessen gleichermaßen zu berücksichtigen und er ist ein sehr praktischer Ansatz im Veränderungsmanagement, z. B. zur Strukturierung des Veränderungsprozesses in Form einer Veränderungsarchitektur, als Grundlage für Interviewfragen für eine erste Analyse des Status Quo zu Beginn eines Veränderungsprozesses oder zur Messung des Veränderungsfortschritts innerhalb einer Organisation.

Der Bart des Schlüssels drückt sodann Schwerpunkte in verschiedenen Phasen eines Veränderungsprozesses aus. In einer ersten Akzeptanzphase sind insbesondere die Themenfelder der Motivation, Führung und Struktur von Bedeutung. In Mobilisierungsphasen werden insbesondere die Führungskräfte gefordert und es wird Verständnis erzeugt. Bei der Verstetigung spielen die Themen Fähigkeit und Struktur wieder eine große Rolle. Typischerweise können Führungskräfte im Modell sehr schnell die Schwerpunkte einschätzen und in längeren Prozessen in einen „Inspekt and Adapt"-Rhythmus übergehen.

Eine gute Übung besteht darin, mit dem Blick auf die Visualisierung eine Einschätzung des Handlungsbedarfs in der eigenen Unternehmung zu skizzieren. In welchen Feldern ist die Organisation im grünen Bereich, und in welchen Feldern gelingt es noch nicht, die Mitarbeiter:innen mitzunehmen?

5.3 Fallstudie

Im Folgenden wollen wir Ihnen eine Fallstudie vorstellen. In dieser zeigt sich, wie das *WAS* und *WIE* des Robust Leadership Frameworks eine Organisation in ihrem Bemühen um Veränderung unterstützt. Diese Fallstudie basiert auf einem Beratungsprojekt bei einem Finanzdienstleistungsunternehmen, an dem wir beteiligt waren. Das Projekt erstreckte sich über 18 Monate, vom ersten Kontakt mit dem Kunden bis zum Abschluss des Projekts. Aus Gründen der Vertraulichkeit wird das Unternehmen hier Financia genannt. Es handelt sich um eine mittelgroße Regionalbank in Deutschland mit etwa 800 Mitarbeiter:innen.

Ausgangslage

Zum Zeitpunkt der Beauftragung hatte Financia fünf Jahre zuvor mit einer anderen Bank aus ihrer Region fusioniert. Die Diskussion zu einem Beratungsprojekt begann, als ein neuer CEO ernannt wurde (der den größten Teil seiner Karriere in der Bank gearbeitet hatte). Außerdem wurde ein neues externes Vorstandsmitglied ernannt, und ein drittes Vorstandsmitglied stand kurz vor der Pensionierung.

Am Anfang dieses Engagements stand die Idee, anhand von Szenarien besser zu verstehen, wie die Zukunft der Finanzdienstleistungsbranche in zehn Jahren aussehen könnte und welche Auswirkungen diese Veränderungen auf die Bank und folglich auf ihre Strategie haben würden. In den ersten Gesprächen wurden häufig Fragen zur Kultur aufgeworfen. Konkret ging es in diesen ersten Gesprächen darum, wie die Vorstandsmitglieder zusammenarbeiten und wie sie mit ihren direkten Mitarbeiter:innen (Abteilungsleiter:innen) interagieren. Darüber hinaus waren die Vorstandsmitglieder der Ansicht, dass unabhängig davon, welche Szenarien sich entwickeln würden oder welche Auswirkungen dies auf die Bank haben würde, das Institut einen bedeutenden organisatorischen Wandel durchlaufen müsse. Dieser wiederum erforderte eine bessere Zusammenarbeit innerhalb des Führungsteams der Bank. Es wurde beschlossen, nicht nur an der Zukunft der Finanzdienstleistungsbranche zu arbeiten, sondern gleichzeitig auch an der Kultur der Bank. Es sollte an den Werten der Bank gearbeitet werden und wie diese in der täglichen Arbeit gelebt werden. Das bedeutet, dass beide Elemente, das *WAS* und das *WIE* des Robust Leadership Framework, in diesem Projekt gleichzeitig behandelt wurden.

Beschreibung des Projekts

Das Projekt begann mit zwei Hauptarbeitsprozessen:

1. Strategie und Szenarien (*WAS*)
2. Kultur und Wandel (*WIE*)

Beide Prozesse wurden parallel durchgeführt und umfassten dieselbe Gruppe von Manager:innen. Diese Gruppe bestand aus drei Vorstandsmitgliedern, ca. 12 Abteilungsleiter:innen und ca. 10 Mitarbeiter:innen, die aus verschiedenen Abteilungen der Bank ausgewählt wurden und von denen einige Führungsverantwortung hatten, andere nicht. Begleitet wurde das gesamte Projekt durch interne Kommunikationsmaßnahmen.

Vor Beginn der beiden Prozesse wurden Interviews mit allen Vorstandsmitgliedern und ihren direkten Mitarbeiter:innen geführt. Mit den Interviews wurden zwei Ziele verfolgt:

1. Bewertung der von den Befragten wahrgenommenen Herausforderungen für die Branche.
2. Bewertung der von den Befragten als wichtig erachteten Werte der Organisation, um die Kultur der Organisation zu verstehen und den Stil der Zusammenarbeit innerhalb der Organisation zu beurteilen.

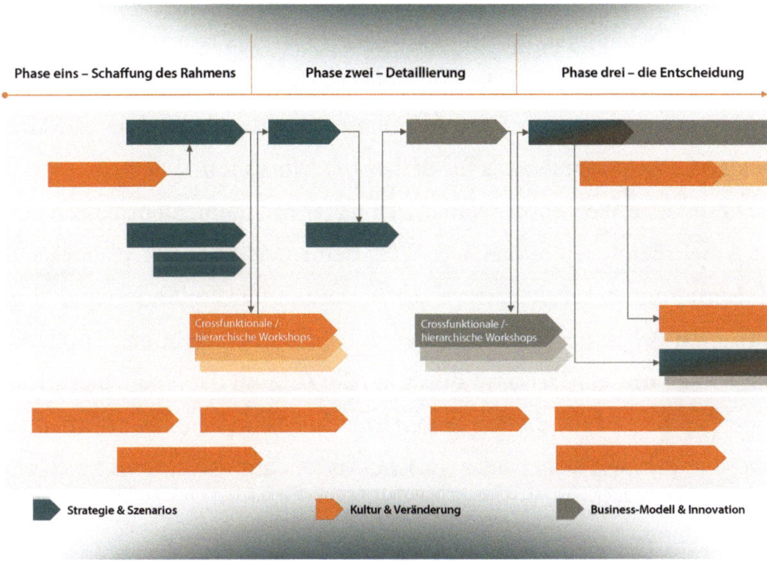

Abbildung 21: Ablauf des Projekts

Im Folgenden werden die drei Phasen des Projekts genauer beschrieben.

Phase eins - Schaffung des Rahmens

Hauptzweck dieser Phase war es, den am Prozess beteiligten Manager:innen die Möglichkeit zu geben, effektiv zusammenzuarbeiten. Außerdem sollten erste Diskussionen über die Zukunft der Finanzdienstleistungsbranche sowie über die Kultur und die Werte des Unternehmens geführt werden. Der Arbeitsbereich Strategie & Szenarien zielte darauf ab, Szenarien zu entwickeln, die später als Rahmen für das Entwickeln von Innovationen und neuen Geschäftsmodellen dienen und die Bank dabei unterstützen sollten, sich langfristig strategisch zu positionieren. In diesem Teil des Projekts wurde der Ansatz der Szenarienentwicklung der Schule der intuitiven Logik angewandt, der vor allem durch den Ansatz von Royal Dutch Shell beeinflusst wurde [53]. Aus den Interviews und externen Recherchen wurden die relevanten Trends zusammengefasst und eine Sammlung von Unternehmenswerten abgeleitet. Dieses Material diente als Ausgangsbasis für den ersten Workshop.

Dieser erste Workshop befasste sich daher mit Elementen aus den beiden Arbeitsbereichen Strategie & Szenarien sowie Kultur & Wandel. Die Teilnehmer:innen reflektierten über die Sammlung von Werten und konzentrierten sich insbesondere auf Trends, für die die Aufgabe darin bestand, (a) die Relevanz von Trends in Bezug auf die Zukunft der Finanzdienstleistungsbranche und (b) die mit diesen Trends verbundene Unsicherheit zu bewerten, d. h. wie sicher oder unsicher die Richtung war, in die sich ein Trend wahrscheinlich entwickeln würde (wenn es mehrere mögliche Richtungen gab, wurde ein hohes Maß an Unsicherheit angegeben).

Im Arbeitsbereich Kultur & Wandel bestand das übergeordnete Ziel des Projekts darin, eine Einigung über die Unternehmenswerte zu erzielen und sich insbesondere darüber zu verständigen, wie diese Werte innerhalb der Organisation gelebt werden und welche Mechanismen vorhanden sein sollten, um eine ständige Reflexion darüber zu gewährleisten, wie diese Werte in der Organisation umgesetzt werden.

Insgesamt wurden in dieser Phase zwei eintägige Workshops durchgeführt. Beim ersten Workshop war festzustellen, dass das Umfeld für die Teilnehmer:innen ungewohnt war. Für diese Gruppe war es eine neue Situation, offen über strategische Fragen zu sprechen, und zwar nicht nur mit anderen Vorstandsmitgliedern und Abteilungsleiter:innen, sondern auch mit „normalen" Mitarbeiter:innen des Unternehmens. Der Vorstandsvorsitzende betonte jedoch, wie wichtig es sei, weitere Mitglieder des Unternehmens in den Prozess einzubeziehen, und forderte eine offene und ehrliche Diskussion unabhängig von der Hierarchiestufe. Im Laufe des Projekts war zu beobachten, dass diese Gruppe, die während des gesamten Projekts dieselbe blieb, immer besser zusammenarbeitete und immer offenere Gespräche führte.

Am Ende dieser Phase waren fünf Workshops mit jeweils 20 Teilnehmer:innen durchgeführt worden. Zu den Teilnehmer:innen gehörten die Mitglieder der Organisation, die sich zur Teilnahme angemeldet hatten. Ziel dieser Workshops war es, die Ergebnisse des ersten Trend-Workshops und den ersten Entwurf der Unternehmenswerte mit den Mitgliedern der Organisation zu teilen. Jeder Workshop wurde von einem Vorstandsmitglied eröffnet und von zwei Abteilungsleiter:innen begleitet, um nicht nur die Wertschätzung für die Beteiligung der Mitarbeiter:innen zu zeigen, sondern sich auch in die Diskussion einzubringen und mit dem Sammeln von Feedback aus dem gesamten Unternehmen zu beginnen.

Phase zwei – Detaillierung

In der zweiten Phase des Projekts wurden in funktions- und hierarchieübergreifenden Workshops die Szenarien weiter detailliert und Diskussionen über Innovationen und neue Geschäftsmodelle geführt, die sich aus dem Kontext der Szenarien ergaben. Dieses Ziel wurde durch drei Workshops erreicht: Generierung von Szenarien; Detaillierung von Szenarien; und Arbeit an Innovationen und neuen Geschäftsmodellen. Während dieser Phase wurden keine weiteren Workshops zum Thema Kultur und Wandel durchgeführt. Am Ende dieser Phase wurden wiederum fünf offene Workshops mit jeweils 20 Teilnehmer:innen durchgeführt. Der Aufbau dieser funktions- und hierarchieübergreifenden Workshops war derselbe wie in Phase eins, wobei der Schwerpunkt auf dem Austausch zu den Szenarien und der Sammlung weiterer Ideen zu Innovationen und neuen Geschäftsmodellen lag.

Phase drei – die Entscheidung

Während zu Beginn dieser Phase der Input aus den funktions- und hierarchieübergreifenden Workshops aggregiert wurde, bestand das Hauptziel dieser Phase darin, Entscheidungen in zweierlei Hinsicht zu treffen:

1. die Strategie für die Zukunft zu formulieren und Ressourcen für neue Bereiche zuzuweisen;
2. sich auf eine Reihe von Unternehmenswerten zu einigen und zu klären, wie diese Werte in der Organisation gelebt werden sollen.

Es wurden zwei Workshops durchgeführt: einer, um über eine Vision und neue Geschäftsmodelle zu entscheiden, und einer, um zu klären, welche Änderungen auf der Grundlage der Wertediskussionen vorgenommen und beibehalten werden sollten.

Während das Projekt von einer kontinuierlichen internen Kommunikation zu den Werten und Szenarien begleitet wurde, führten die Teamleiter:innen anschließend Workshops durch, um die Relevanz der Werte für jedes Team innerhalb der Organisation sicherzustellen.

Auswirkungen: *WAS* und *WIE* in der Organisation

Das Ziel der Diskussion von Trends in der Szenarioplanung besteht in erster Linie darin, die Führungskräfte in der Schaffung eines gemeinsamen Verständnisses der relevanten Trends in ihrer Branche zu unterstützen und dabei auch ihre eigenen Annahmen über die Zukunft der Branche zu hinterfragen.

Zu diesem Zeitpunkt hatten die teilnehmenden Manager:innen bereits darüber diskutiert, was die Werte des Unternehmens sind oder sein sollten und wie sie gelebt werden sollten. Als es darum ging, relevante Trends für die Zukunft ihrer Branche zu erörtern, waren diese Diskussionen bereits offener, da die Gruppe nicht nur zu erörtern begann, was sie in der

Zukunft erreichen möchte, sondern auch, wie sie diese Ziele im Hinblick auf die Art der Zusammenarbeit erreichen möchte.

Am Ende dieses ersten Workshops kam die gesamte Gruppe zusammen und begann, über die Diskussionen und den bisherigen Prozess zu reflektieren. In Bezug auf den Blockchain-Trend gaben beispielsweise einige Teilnehmer:innen zu, dass sie nicht genug über diese Technologie wüssten, um mit der Entwicklung von Szenarien fortzufahren. Es zeigte sich, dass dieses offene Eingeständnis mangelnder Kenntnisse von der Gruppe durch vorherige Diskussionen über die Notwendigkeit eines vertrauensvollen, offenen und respektvollen Gesprächs ermöglicht worden war.

Es wurde auch erwartet, dass der letzte Workshop dieses Projekts sehr schwierig sein würde und zu hitzigen Diskussionen und Spannungen führen könnte. In diesem Workshop ging es um die Allokationen von (knappen) Ressourcen für neue Projekte, was natürlich auch bedeutete, dass diese Ressourcen von bestehenden Projekten abgezogen werden müssten. Von Beginn des Projekts an bestand im Führungsteam die Befürchtung, dass dieser Workshop alte Verhaltensweisen auslösen würde, d. h. weniger Vertrauen und Zusammenarbeit, was die Entwicklung und Umsetzung einer neuen Strategie einschränken würde.

Dieser Workshop verlief jedoch ohne übermäßige Spannungen. Zwei Faktoren trugen zu diesem Ergebnis bei. Erstens hatten alle Teilnehmer:innen ein gemeinsames Verständnis nicht nur von der Zukunft ihrer Branche, sondern auch von den Herausforderungen für ihre eigene Bank. Zweitens hatten die Teilnehmer:innen durch die Aufgabe, sich mit den Unternehmenswerten und deren Umsetzung zu befassen, eine gemeinsame Grundlage für die Zusammenarbeit und das Treffen dieser schwierigen Entscheidungen.

Das gesamte Projekt und insbesondere der letzte Workshop haben uns gezeigt, dass das *WAS* und das *WIE* sich gegenseitig unterstützen können, um ein Ziel zu erreichen.

Key Take Aways aus diesem Kapitel:

- Um eine robuste Organisation zu werden, ist die Beteiligung und das Engagement eines breiten Spektrums oder eines möglichst großen Teils der Mitglieder einer Organisation von entscheidender Bedeutung.
- Die Fallstudie zeigt, dass die Kombination des *WAS* und des *WIE* in einer Organisation die Voraussetzungen für eine erfolgreiche Transformation schafft. Das Arbeiten an beiden Schwerpunkten parallel fördert ein besseres Resultat und eine schnellere Umsetzung von Ergebnissen.

6 MESSEN VON ROBUST LEADERSHIP

Fragen, die in diesem Kapitel beantwortet werden:

- Was haben wir bei unserer empirischen Untersuchung zu Robust Leadership festgestellt?
- Wie messen Sie die Robustheit Ihres Teams oder Ihrer Organisation?
- Wie robust und zukunftsorientiert ist Ihr individueller Führungsstil?
- Was können Sie für sich ableiten?

In diesem Kapitel wollen wir zwei Dinge tun. Erstens wollen wir näher erläutern, was wir in unseren empirischen Untersuchungen zur robusten Führung herausgefunden haben, und zweitens wollen wir Ihnen unser Assessment Tool vorstellen, mit dem Sie die Robustheit Ihrer Organisation und Ihres persönlichen Führungsstils beurteilen können.

6.1 Wirksamkeit des Robust Leadership Frameworks

Eine Frage, die uns zunächst beschäftigte, war die Einschätzung der Robustheit von Organisationen. Auf der Grundlage unserer empirischen Untersuchung bezeichneten 7 Prozent der Befragten die Führung in ihrem Unternehmen insgesamt als „robust". Während 6 Prozent die

Führung als „fragil“ bezeichneten, waren wir überrascht zu sehen, dass die Mehrheit die jeweilige Führung weder als robust noch als fragil bewertete. Wir bezeichneten diese Kategorie von Befragten als „Gefangen in der Mitte“. In Anbetracht der Tatsache, dass Unternehmen in einem dynamischen Umfeld tätig sind, muss jede Organisation, deren Führung fragil ist, diese stärken. Organisationen, die „Gefangen in der Mitte“ sind, befinden sich jedoch auch in einer Gefahrenzone. Mit Führungskräften, die die Anforderungen der Organisation nur teilweise und stückweise erfüllen, kann die Organisation fälschlicherweise davon ausgehen, dass Führungskräfte sich angemessen um die aufkommenden Fragen und Probleme kümmern. Wenn das Umfeld der Organisation dynamischer oder sogar unbeständiger wird, könnte sich diese falsche Gewissheit als besonders problematisch erweisen.

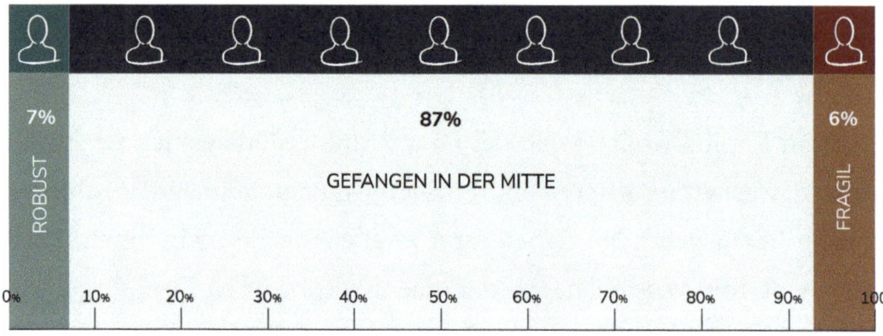

Abbildung 22: Robust Leadership Assessment

Auf der Grundlage unserer beiden Studien über robuste Führung können wir nicht nur analysieren, wie das *WAS* und das *WIE* unseres Robust Leadership Frameworks miteinander in Beziehung stehen, sondern auch, wie sie aufeinander wirken. Basierend auf quantitativen Analysen können wir die nun folgenden Aussagen treffen.

In beiden Studien wird die aufbauende Struktur der Wertepyramide (*WIE*) bestätigt. Dies bedeutet, dass wir feststellen, dass Vertrauen die Grundlage für Offenheit, Transparenz, Feedback und Verantwortung ist. Das Vorhandensein einer vertrauensvollen Kultur in einer Organisation ist daher eine Voraussetzung für die anderen Elemente unserer Wertepyramide.

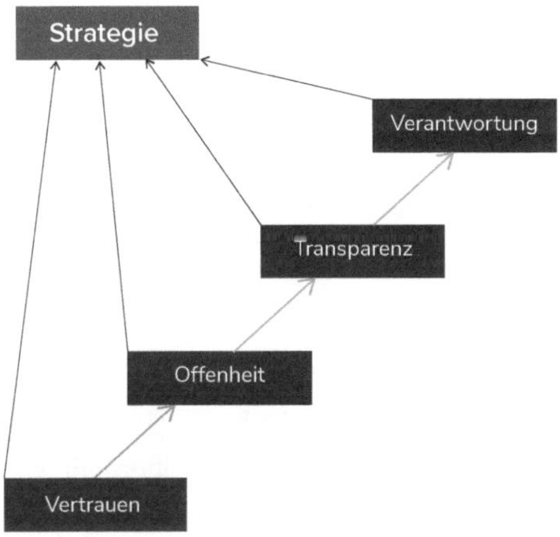

Abbildung 23: Zusammenhang von WAS und WIE

Unsere Studie zeigt außerdem, dass sich das *WIE* positiv auf das *WAS*, also Strategie und Foresight, auswirkt. Für uns ist dies eine zentrale Erkenntnis, denn sie unterstreicht, dass Strategie und Kultur Hand in Hand gehen müssen. Wenn das Vertrauen in einer Organisation stark ist, ist dies die Grundlage für die Entwicklung von Foresight und Strategie. Und das ist sinnvoll, wie in Kapitel 4 ausgeführt. Wenn ich in einer Organisation eine vertrauensvolle Kultur habe, kann ich viel leichter eine offene Diskussion mit diversen Perspektiven über die folgenden Fragen führen: Was sind die größten Herausforderungen in unserem Umfeld? Haben wir alle ein gemeinsames Verständnis davon, was sie bedeuten?

Was bedeutet das für uns? Müssen wir unsere Annahmen in Bezug auf unsere Branche infrage stellen, überlegen, wie sie funktioniert, welche Präferenzen unsere Kund:innen haben usw. Und wenn wir uns unsere Daten genauer ansehen, wird dieser Zusammenhang noch deutlicher. Wenn Vertrauen zu Offenheit führt, dann können wir auf der Grundlage unserer empirischen Untersuchung argumentieren, dass Vertrauen und Offenheit bereits einen starken direkten Einfluss auf die Entwicklung von Foresight und Strategie haben.

In unserer empirischen Untersuchung wollten wir auch verstehen, welche Rolle Werte bei der Entwicklung von Foresight und Strategie spielen. Dies spricht natürlich für unsere Überzeugung, dass die Entwicklung von Foresight und Strategie mit der Kultur einer Organisation verflochten ist. Für uns spiegelt sich die Kultur einer Organisation sehr stark in den Werten einer Organisation wider und natürlich auch darin, wie eine Organisation mit ihren Werten umgeht.

Wir beschäftigen uns mit Fragen wie: Haben wir Werte? Werden sie explizit gemacht? Leben wir diese Werte? Wir haben daher die Teilnehmer:innen unserer Studie gefragt, ob die Führungskräfte in ihrer Organisation die Bedeutung von Werten für die Strategie der Organisation verstehen. Wir fanden heraus, dass in Organisationen, in denen die Relevanz von Werten von den Führungskräften verstanden wird, eine stärkere Wirkung der Pyramide und ihrer Auswirkungen auf Foresight und Strategieentwicklung zu beobachten ist. Dies bestärkt uns wiederum in unserer Überzeugung, dass Strategie und Kultur, das *WAS* und das *WIE*, Hand in Hand gehen müssen.

Auf der Grundlage akademischer Forschung [54] wird argumentiert, dass die Kultur eine zentrale Rolle bei der Überbrückung der Kluft zwischen der Strategieformulierung und der Strategieumsetzung spielt. Die Autoren beschreiben, dass die von ihnen untersuchten Unternehmen wie

Starbucks, Danaher oder IKEA ihrer Einschätzung nach bei der Überbrückung der Kluft zwischen Strategieformulierung und Strategieumsetzung sehr gut abschneiden, da sie ein hohes Maß an Vertrauen in den jeweiligen Organisationen aufweisen.

6.2 Robust Leadership Assessment für zukunftsorientierte Führung

Nachstehend finden Sie unser Robust Leadership Assessment. Der Zweck dieses Assessments ist es, Ihnen zu ermöglichen, die Robustheit Ihrer Organisation und Ihres Führungsstils zu bewerten und zu reflektieren. Daher können Sie den Fragebogen für sich oder Ihre Organisation insgesamt ausfüllen.

Denken Sie beim Ausfüllen dieses Assessments an Ihre Erfahrungen mit Führung in den letzten Jahren. Ermitteln Sie den Durchschnitt Ihrer Bewertung. In welchen Bereichen schneiden Sie besonders stark ab, in welchen eher schwach? Vielleicht mögen Sie sich dann zuerst um die Bereiche kümmern, die zu den schwächsten gehören.

Auch dieses Assessment bzw. diese Reflexion können Sie allein oder mit Ihrem Team oder Ihren Kolleg:innen durchführen. Vielleicht möchten Sie die Bewertung einzeln ausfüllen und die Ergebnisse in Ihrem Team oder mit Kolleg:innen in einer Gruppendiskussion austauschen.

Robust Leadership Assessment

WAS Strategie & Foresight ☹ 😐 🙂 😊 😀 ☐ ☐ ☐ ☐ ☐	**Die Fragen sind auf einer Skala von 1 bis 5 zu beantworten** (stimme überhaupt nicht zu, stimme nicht zu, neutral, stimme zu, stimme voll zu)
Vorstellungskraft	
☹ ☐ ☐ ☐ ☐ ☐ 😀	Wir setzen systematisch eine Reihe von formalen Methoden (wie Szenarioanalyse und Roadmapping) ein, um alternative Zukunftsperspektiven zu entwickeln.
☹ ☐ ☐ ☐ ☐ ☐ 😀	Die Organisation ist offen (das Einbringen von externen Informationen in das Unternehmen und die Pflege eines externen Netzwerks werden gefördert).
Wahrnehmen	
☹ ☐ ☐ ☐ ☐ ☐ 😀	Unsere Sensoren sorgen dafür, dass wir ca. 80 Prozent aller relevanten Trends erkennen, die unsere Branche in den nächsten 5–10 Jahren prägen werden.
☹ ☐ ☐ ☐ ☐ ☐ 😀	Unsere Führungskräfte sind in der Lage, Opportunitäten und Risiken zu erkennen, bevor sie voll zum Tragen kommen, und den Status quo aktiv infrage zu stellen.
☹ ☐ ☐ ☐ ☐ ☐ 😀	Die Führungskräfte wurden darin geschult, neue Opportunitäten zu erkennen und etablierte Geschäftsmodelle in der Branche und in unserem Unternehmen infrage zu stellen.
Hinterfragen	
☹ ☐ ☐ ☐ ☐ ☐ 😀	Wir scheuen uns nicht, unsere gemeinsamen Annahmen über den Markt, die Kund:innen und die Art und Weise, wie wir am Markt aktiv sind, kritisch zu hinterfragen.
☹ ☐ ☐ ☐ ☐ ☐ 😀	Die Führungskräfte in unserer Organisation bieten Raum für kreatives Denken.

Transferieren	
☹ ☐ ☐ ☐ ☐ ☐ ☺	In meiner Organisation setzen wir kreatives Denken (z. B. Design Thinking) in konkrete Produkte oder Dienstleistungen um.
☹ ☐ ☐ ☐ ☐ ☐ ☺	In meiner Organisation setzen wir die Strategie in konkrete Projekte um.
☹ ☐ ☐ ☐ ☐ ☐ ☺	Die Führungskräfte in unserer Organisation sind in der Lage, sich an Veränderungen im Geschäftsumfeld anzupassen und die Ressourcen entsprechend neu zu allokieren.
☹ ☐ ☐ ☐ ☐ ☐ ☺	Angesichts der Unsicherheiten in unserem Geschäftsumfeld zögern die Führungskräfte in unserer Organisation nicht, strategische Entscheidungen zu treffen
☹ ☐ ☐ ☐ ☐ ☐ ☺	Die Führungskräfte in unserer Organisation formulieren eine klare Vision und sind in der Lage, diese Vision in konkrete strategische Ziele für den Einzelnen/Teams umzusetzen.
☹ ☐ ☐ ☐ ☐ ☐ ☺	Führungskräfte sind darin geschult, Entscheidungen unter Unsicherheit zu treffen, und sehen die Unsicherheit in unserer Branche auch als eine Quelle von Chancen.

WIE Werte & Kultur	
Vertrauen	
☹ ☐ ☐ ☐ ☐ ☐ ☺	Die Mitarbeiter:innen in unserer Organisation machen die Erfahrung, dass die Führungskräfte ihre Wertschätzung für die geleistete Arbeit und für andere Initiativen, die vorgeschlagen werden, aktiv zeigen.
☹ ☐ ☐ ☐ ☐ ☐ ☺	Die Führungskräfte in unserem Unternehmen schaffen eine Atmosphäre, in der Misserfolge als wertvolle Gelegenheit zum Lernen wahrgenommen werden.
☹ ☐ ☐ ☐ ☐ ☐ ☺	Den Führungskräften in unserer Organisation gelingt es, eine starke Identität zu schaffen, die zeigt, dass wir „gemeinsam an einem Strang ziehen“, und sich schützend vor ihr Team zu stellen.
☹ ☐ ☐ ☐ ☐ ☐ ☺	Die Führungskräfte in unserer Organisation fördern das Gefühl der individuellen Bedeutung und des Beitrags zu gemeinsamen Zielen.
Offenheit	
☹ ☐ ☐ ☐ ☐ ☐ ☺	Die Mitarbeiter:innen in unserem Unternehmen werden von ihren Führungskräften ermutigt, funktions- und hierarchieübergreifend zu kommunizieren.
☹ ☐ ☐ ☐ ☐ ☐ ☺	Die Führungskräfte in unserer Organisation fördern eine offene und transparente Kommunikation durch die Einführung unterstützender Kommunikationsstrukturen.
☹ ☐ ☐ ☐ ☐ ☐ ☺	Die Führungskräfte in unserer Organisation ermutigen zu kritischem Denken und zum Ansprechen kritischer Themen.
☹ ☐ ☐ ☐ ☐ ☐ ☺	Die Mitarbeiter:innen in unserer Organisation profitieren von einer Atmosphäre, die von ihren Führungskräften geschaffen wird und die einen offenen Austausch von Ideen, Gefühlen und Anliegen fördert.
Transparenz	
☹ ☐ ☐ ☐ ☐ ☐ ☺	Die Führungskräfte in unserer Organisation fördern offenes und konstruktives Feedback.

☹ ☐ ☐ ☐ ☐ ☐ ☺	Die Führungskräfte in unserer Organisation geben regelmäßig Kontext und Orientierung für Entscheidungen, Ziele, Aufgaben und Verantwortlichkeiten.
☹ ☐ ☐ ☐ ☐ ☐ ☺	Die Führungskräfte in unserem Unternehmen unterstützen aktiv die langfristige Entwicklung der Mitarbeiter:innen.
☹ ☐ ☐ ☐ ☐ ☐ ☺	Die Führungskräfte in unserer Organisation nutzen und fördern die einzigartigen Fähigkeiten und Talente ihrer Mitarbeiter:innen im Hinblick auf das Gesamtziel des Unternehmens.
☹ ☐ ☐ ☐ ☐ ☐ ☺	Die Führungskräfte in unserem Unternehmen ermutigen ihre Mitarbeiter:innen aktiv dazu, Trends und neue Entwicklungen in der Branche aufmerksam zu verfolgen.
Verantwortlichkeit	
☹ ☐ ☐ ☐ ☐ ☐ ☺	In unserer Organisation sind wir uns bewusst, dass Führungskräfte und Mitarbeiter:innen bestimmte Rollen und Verantwortlichkeiten haben, und wir werden ihnen gerecht.
☹ ☐ ☐ ☐ ☐ ☐ ☺	Die Führungskräfte in unserer Organisation stellen die Verantwortlichkeit der Mitarbeiter:innen sicher, indem sie ein gemeinsames Verständnis der Ziele und Aufgaben immer wieder neu festschreiben (z. B. durch Briefing und Backbriefing).
☹ ☐ ☐ ☐ ☐ ☐ ☺	In unserer Organisation begegnen sich Führungskräfte und Mitarbeiter:innen auf Augenhöhe und vertrauen darauf, dass jeder seine Verantwortung wahrnimmt.
Abschließende Reflexion	
☹ ☐ ☐ ☐ ☐ ☐ ☺	Die Führungskräfte in unserer Organisation verstehen die Bedeutung von Werten für Foresight (Wahrnehmung von Veränderungen).
☹ ☐ ☐ ☐ ☐ ☐ ☺	Die Führungskräfte in unserer Organisation verstehen die Bedeutung von Werten für die Strategie der Organisation.

Wenn Sie ein Benchmarking Ihrer Bewertung durchführen oder unser Feedback einholen möchten, nutzen Sie bitte unser Online-Assessment: www.robust-leadership.com

Key Take Aways aus diesem Kapitel:

- Nur eine kleine Anzahl der Teilnehmenden an unserer Studie berichtet von robuster Führung oder einer robusten Führungskultur in ihrer Organisation.
- In fast gleichem Maße berichten die Befragten von einer „fragilen“ Führungskultur.
- Die überwiegende Mehrheit der Befragten beschreibt ihre Führungskultur jedoch als „Gefangen in der Mitte“, mit Anzeichen von Robustheit, aber viel Raum für Verbesserungen.
- Wir können empirisch zeigen, dass ein hohes Maß an Vertrauen und der aufbauenden Offenheit in einer Organisation einen positiven Effekt auf Foresight und Strategie hat.

7 CONCLUSIO: AUF DEM WEG ZUR ZUKUNFTSORIENTIERTEN FÜHRUNGSKRAFT

Fragen, die in diesem Kapitel beantwortet werden:

- Wie können Spannungen in der Führung angegangen werden?
- Wie kann ich eine zukunftsorientierte Führungskraft werden?
- Was kommt als Nächstes?

Im Laufe dieses Buches haben wir die Spannungen erörtert, die sich für Führungskräfte in einem VUCA-Umfeld ergeben. Außerdem haben wir Ihnen den Rahmen für zukunftsorientierte Führung und die Elemente des Robust Leadership Frameworks beschrieben. Zusätzlich haben wir unter Berücksichtigung unserer empirischen Untersuchungen dargelegt, was es braucht, um nicht nur eine zukunftsorientierte Führungskraft, sondern auch eine robuste Organisation zu werden.

In diesem letzten Kapitel wollen wir dieses Buch in zweierlei Hinsicht abschließen. Erstens wollen wir erörtern, wie unser Robust Leadership Framework die hier beschriebenen Spannungen adressiert, und zweitens wollen wir beschreiben, wie unser Framework weiter genutzt werden kann.

7.1 Spannungsfelder adressieren

Wie adressiert das Robust Leadership Framework die zuvor beschriebenen Spannungen, die Führungskräfte in ihrer Arbeit erleben? Wahrscheinlich haben Sie, auch während der Reflexionsübungen, über diese Frage nachgedacht, und im Folgenden wollen wir dies ausführlicher diskutieren. Da wir jedoch nicht behaupten, dass dies die einzigen Spannungen sind oder dass in Zukunft wahrscheinlich keine neuen auftreten werden, wird diese Diskussion auch weiter aufzeigen, wie unser Framework verwendet werden kann. Auch hier gilt, dass der Vorteil an einem Framework ist, dass es übergreifend eingesetzt und natürlich auch weiterentwickelt werden kann.

In unseren empirischen Studien zu Robust Leadership haben wir vier dominante Spannungsfelder identifiziert, von denen jeweils zwei die organisationale bzw. die individuelle Führungsebene betreffen, wie in Abbildung 24 beschrieben.

Beginnen wir unsere Diskussion auf der Organisationsebene. Für uns wird das Spannungsfeld *linear und stabil vs. agil* am besten im *WAS*-Teil unseres Frameworks angesprochen.

Insbesondere in sich schnell verändernden Geschäftsumgebungen und bei einem hohen Maß an Unsicherheit in Bezug auf die Zukunft müssen Organisationen agil bleiben, um mit den vielen Veränderungen und sogar mit Störungen fertig zu werden. Gleichzeitig sehen sich Führungskräfte mit der Aufgabe konfrontiert, Stabilität und Orientierung zu geben. Was ist beispielsweise die langfristige Vision und Strategie einer Organisation? Diese Fragen können durch die Anwendung von Foresight beantwortet werden. Und während sich zugegebenermaßen vieles verändert und globale Krisen schneller aufzutreten scheinen als in der Vergangenheit, müssen wir uns auch eingestehen, dass es viele Entwicklungen schon

Abbildung 24: Vier Spannungsfelder in der Führung

seit Jahrzehnten gibt. Denken Sie nur an die Megatrends Digitalisierung oder Nachhaltigkeit, die sich schon seit Jahrzehnten entwickeln. Wenn jetzt Unternehmen Insolvenz anmelden und dies mit digitalen Disruptionen begründen, dann bedeutet das, dass das Management relevante Entwicklungen in seinem Markt lange Zeit ignoriert hat. Die Anwendung von Strategie und Foresight unterstützt Organisationen dabei, Sensoren zu entwickeln, um Veränderungen in ihrem Geschäftsumfeld frühzeitig zu erkennen, aber auch, um Formate wie Szenarioplanung oder Business

Wargaming zu nutzen, um die selbstverständlichen Annahmen in einer Organisation zu hinterfragen.

Unser Robust Leadership Framework befasst sich insgesamt mit dem Spannungsfeld *Kultur vs. Strategie*. Unsere empirische Untersuchung hat gezeigt, dass eine Kultur, die durch ein hohes Maß an Vertrauen gekennzeichnet ist, zu besseren Strategien oder strategischen Diskussionen führt. Auch die Fallstudie, die wir in diesem Buch beschrieben haben, unterstreicht, wie wichtig es ist, Kultur und Strategie miteinander in Einklang zu bringen.

Strategie-Professor Richard Whittington von der Said Business School an der University of Oxford hat argumentiert, dass bei der Arbeit von Führungskräften in Strategiediskussionen eine der Hauptfallen darin besteht, dass diese Gruppen zu schnell Aktionen definieren, anstatt die vor ihnen liegenden Herausforderungen klar zu definieren [51]. Und natürlich ist eine Voraussetzung dafür auch ein klares Verständnis dessen, was Strategie & Foresight sowie Werte & Kultur sind, deutlich zu machen, was diese Konzepte bedeuten und natürlich auch, wie sie gelebt und umgesetzt werden sollen. Wenn eine Strategie nicht langfristig ausgerichtet ist und keine ausreichende Vorausschau entwickelt wurde, ist keine ausreichende Orientierung gegeben und das *WAS* und das *WIE* sind nicht in Balance. Diese Herausforderung verlangt von Führungskräften in einer Organisation die beschriebene Beidhändigkeit, die zwei Dinge gleichzeitig berücksichtigt, nämlich Strategie und Kultur, und diese beiden in das richtige Gleichgewicht bringt.

Wenden wir uns nun der individuellen Ebene zu, der Ebene der Führungskraft. Wir haben *Vertrauen und Vorgaben* als relevante Führungsspannung identifiziert und im gesamten Buch nicht nur die Bedeutung von Werten und Kultur, sondern vor allem die Rolle des Vertrauens diskutiert. Im Unternehmenskontext sehen wir jedoch oftmals eine Zunahme

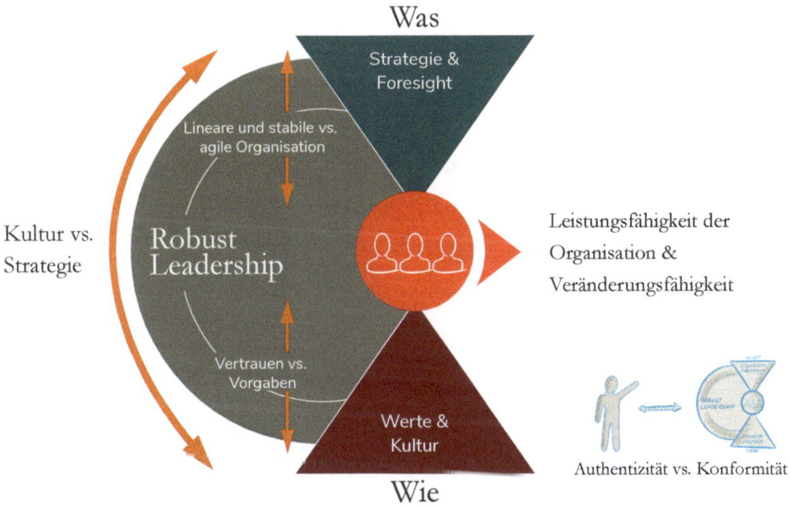

Abbildung 25: Robuster Führungsrahmen: Umgang mit Spannungen

von Vorgaben. Sei es auf der obersten Ebene in Bezug auf Corporate-Governance-Richtlinien oder in Bezug darauf, wer eine Bestellung unterschreiben muss. Hier gilt es, ein Gleichgewicht zu finden. Wie viel Vertrauen kann ich als Führungskraft bieten und gleichzeitig sicherstellen, dass die Unternehmensrichtlinien eingehalten werden? Aus unserer Sicht ist es wichtig, sich durch unsere Wertepyramide zu bewegen. Es reicht nicht aus, als Führungskraft nur Vertrauen zu vermitteln. Offenheit und Transparenz sind von entscheidender Bedeutung, damit die Mitarbeitenden tatsächlich verstehen können, was der Zweck des ihnen entgegengebrachten Vertrauens ist, und natürlich ist dies letztendlich auch mit Transparenz verbunden.

Für eine Führungskraft ist das Spannungsverhältnis zwischen *Authentizität und Konformität* vielleicht noch herausfordernder, zumindest auf einer persönlichen Ebene. Wenn ich als Führungskraft als „Kontrollfreak" bezeichnet werden kann, ist es eine schwierige Aufgabe, Vertrauen zu schaffen. Wir haben diese Erfahrung in unserer Arbeit gemacht, als wir Organisationen dabei halfen, neue Arbeitsweisen in einem Arbeitsumfeld nach COVID-19 einzuführen. Führungskräfte, die sich am wohlsten fühlen, wenn sie im Büro umhergehen und ihren Teammitgliedern über die Schulter schauen können, um zu sehen, woran sie arbeiten, sind bei Remote Work stark gefordert.

Wie können Sie also Vertrauen schaffen, mit den Arbeitsweisen ihrer Organisation konform gehen und gleichzeitig authentisch bleiben? Für uns ist es ein erster Schritt, dieses Spannungsverhältnis explizit zu machen und mit Kolleg:innen oder der eigenen Führungskraft zu besprechen; schließlich haben wir alle eine:n Vorgesetzte:n. Und wenn wir in unserer Wertepyramide weitergehen, ist dies eine Frage der Offenheit und Transparenz.

7.2 Zukunftsorientierung fördern

Wenn wir auf die Geschichte großer Unternehmenszusammenbrüche zurückblicken, wird das fehlende Gleichgewicht zwischen dem *WAS* und dem *WIE*, wie wir es in unserem Robust Leadership Framework formuliert haben, deutlich. Oft wird der Niedergang der Kultmarke Kodak mit der Unfähigkeit des Unternehmens in Verbindung gebracht, den aufkommenden Trend der Digitalfotografie zu erkennen, obwohl das Gegenteil der Fall ist. Kodak war eines der ersten Unternehmen, das Patente für die Digitalfotografie anmeldete und damit eine bemerkenswerte Weitsicht bewies, könnte man sagen. Das Unternehmen hat es jedoch versäumt, sich von einem Unternehmen, das Filme mit hohen Margen herstellt, in ein Unternehmen für digitale Geräte mit niedrigen Margen zu verwandeln [55], [56]. Eine ähnliche Perspektive lässt sich für den Niedergang der Encyclopedia Britannica einnehmen. Dies bedeutet, dass Strategie & Foresight, das *WAS*, nicht ausreichen, um eine Wirkung zu erzielen. Das *WAS* muss mit dem *WIE* in Einklang gebracht werden, d. h. mit der Frage, wie die Mitglieder einer Organisation zusammenarbeiten wollen, um die Organisation zu verändern.

Andere haben vor uns für die Notwendigkeit von strategischem Denken in der Führung argumentiert und die Bedeutung der Entwicklung von Foresight betont [57]. Während wir dieser Perspektive absolut zustimmen, geht unser Konzept des Robust Leadership darüber hinaus. Angesichts von dynamischen Umfeldern und einer unsicheren Zukunft, impliziert jede Änderung einer Strategie oder das Ziel, innovativer zu werden, dass sich eine Organisation verändern muss. Und dies bedeutet auch, dass zukunftsorientierte Führungskräfte darüber nachdenken müssen, wie sie eine Organisation verändern wollen, wie sie den Wandel ermöglichen. Dabei spielen Werte eine zentrale Rolle. Durch den bewussten Einsatz von Werten werden Befähigung und Zusammenarbeit in vielerlei Hinsicht ermöglicht.

Wir hoffen, dass dieses Buch für Sie einen Ausgangspunkt für die Förderung von Robust Leadership auf individueller oder organisatorischer Ebene darstellt. Wir glauben insbesondere, und unsere Erfahrungen mit Robust Leadership-Workshops unterstreichen dies, dass die in diesem Buch enthaltenen Reflexionsübungen ein guter Ausgangspunkt sind, gerade wenn sie in Gruppen eingesetzt werden.

Aber das ist in vielen Organisationen wahrscheinlich nicht ausreichend. Unsere Studien zu Robust Leadership haben gezeigt, dass Training in einigen Schlüsselbereichen des Robust Leadership Frameworks nicht weit genug entwickelt ist. Das ist keine Überraschung. In der Regel sind Führungskräfte aufgrund einer funktionalen Kompetenz aufgestiegen, die sie auszeichnet, z. B. weil sie gut in der Produktentwicklung, im

Accounting oder im Marketing sind. Eine Führungskraft zu sein bedeutet jedoch plötzlich, eine Organisation, oder Teile davon, zu führen, und dafür sind ganz andere Fähigkeiten erforderlich. Eine Beobachtung, die wir in den vielen Jahren unserer Beratungs- und Trainingstätigkeit gemacht haben, ist, dass die Mitglieder einer Organisation umso mehr glauben, dass es einfache Antworten auf komplexe Fragen gibt, je weiter sie hierarchisch von strategischen Entscheidungen entfernt sind. Je näher sie der Organisation kommen, desto mehr werden sie mit der Komplexität der Organisation konfrontiert.

Mit anderen Worten: Training und Entwicklung im weiteren Sinne sind entscheidend für die Förderung von Robustheit auf organisationaler und individueller Ebene. Empirische Belege deuten beispielsweise darauf hin, dass, wenn Führungskräfte in der Entscheidungsfindung unter Unsicherheit oder in der Entwicklung von Foresight geschult wurden, die betreffenden Organisationen mit größerer Wahrscheinlichkeit dynamische Fähigkeiten entwickelt haben [21]. Dies ist entscheidend, damit Organisationen mit den Veränderungen in ihrem Geschäftsumfeld Schritt halten können.

Die abschließenden Reflexionsfragen in unserer Studie über robuste Führung lauteten wie folgt:

1. Die Führungskräfte in unserer Organisation verstehen die Bedeutung von Werten für Foresight (Wahrnehmung von Veränderungen).
2. Die Führungskräfte in unserer Organisation verstehen die Bedeutung von Werten für die Strategie der Organisation.

Für beides haben wir in der Umfrage einen positiven Wert von etwa 60 Prozent ermittelt. Dies ist ein gutes Zeichen dafür, dass das Gleichgewicht zwischen Strategie & Foresight sowie Werten & Kultur in Unternehmen verstanden wird, zumindest bei den größeren Unternehmen, die wir befragt haben. Das Verständnis ist jedoch nur eine Seite der Medaille.

Die andere Seite der Medaille besteht natürlich darin, die notwendigen Fähigkeiten zu entwickeln und zu leben und auf organisatorischer und individueller Ebene robust zu werden. Und genau hier hat die Bewertung von Robust Leadership Verbesserungspotenzial aufgezeigt.

Abschließend wünschen wir Ihnen viel Erfolg auf Ihrer Reise und hoffen, dass das Robust Leadership Framework für Sie ein wertvolles Puzzlestück in Ihrer Entwicklung sein wird. Unser Framework ist Work-in-Progress, das angepasst und weiterentwickelt werden muss. Deshalb würden wir gerne von Ihnen hören! Wie haben Sie das Framework genutzt? Welche Erfahrungen haben Sie gemacht? Was halten Sie von dem Robust Leadership Assessment Tool? … Bitte melden Sie sich, damit wir gemeinsam Robust Leadership weiterentwickeln können!

www. robust-leadership.com

DANKSAGUNG

Sehr gern wollen wir uns an dieser Stelle bei all denen bedanken, die zur Entstehung des Buches und der Studie beigetragen haben. Ohne die vielen Impulse und Diskussionen wäre die Entwicklung dieses Buches nicht möglich gewesen.

Zunächst möchten wir uns von Herzen bei unseren Familien bedanken, die uns den Support, die Zeit und den Freiraum gegeben haben, dieses Projekt zu verwirklichen.

Für die Visualisierungen, als zentralen Teil des Frameworks, möchten wir uns beim IICM Design Team, insbesondere bei Lisa von Pflugk, Anastasiia Korzh und Ellina Kollmer, bedanken.

Ein besonderer Dank gilt Annabel Zettl, die mit ihrer Expertise und ihrem Hintergrund wertvolle inhaltliche Beiträge zur Entwicklung der Modelle und des Buches geleistet hat. Prof. Dr. Bernhard Wach war zentral für die Auswertung unserer beiden Studien. Zudem wollen wir uns sehr herzlich bei Felix Werle bedanken. Durch die gemeinsamen Diskussionen und Anwendungen, insbesondere im Rahmen der ersten Robust Leadership-Studie, wurde die Grundlage dieses Buches geschaffen.

LITERATURVERZEICHNIS

[1] P. F. Drucker, *The Age of Discontinuity: Guidelines to our Changing Society.* London: Heinemann, 1969.

[2] J. Gharajedaghi, *Systems Thinking.* Boston: Butterworth Heinemann, 1999.

[3] R. Ramirez and A. Wilkinson, *Strategic Reframing: The Oxford Scenario Planning Approach.* Oxford: Oxford Publishing, 2016.

[4] P. J. H. Schoemaker and R. E. Gunther, *Profiting from uncertainty: strategies for succeeding no matter what the future brings.* New York: Free Press, 2002.

[5] N. N. Taleb, *Antifragile: How to Live in a World We Don't Understand.* New York: Random House, 2012.

[6] A. V. Gordon, L. Jonasson, and N. Larsen, „Organizational Future-Preparedness after Covid-19: A Clearer Role for the Board?", Copenhagen Institute for Futures Studies 2021. Available: https://papers.ssrn.com/sol3/papers.cfm?abstract_id=4019104

[7] D. A. Schon, *The Reflective Practitioner: How Professionals Think In Action.* New York: Basic Books, 2008.

[8] J. P. Kotter, *Leading Change.* Boston: Harvard Business Review Press, 2012.

[9] D. Schawbel, „Jeffrey Pfeffer: What Most People Don't Know About Leadership", *Forbes,* 2015. Available: https://www.forbes.com/sites/danschawbel/2015/09/15/jeffrey-pfeffer-what-most-people-dont-know-about-leadership/

[10] K. Van der Heijden, *Scenarios: the art of strategic conversation.* Chichester: Wiley, 2005.

[11] G. Yukl and W. L. I. Gardner, *Leadership in Organizations.* London: Pearson Education, 2020.

[12] J. Jordan, M. Wade, and E. Teracino, „Every Leader Needs to Navigate These 7 Tensions", Harvard Business Review, 2020. Available: https://hbr.org/2020/02/every-leader-needs-to-navigate-these-7-tensions

[13] G. Hamel and C. K. Prahalad, *Competing for the future.* Boston: Harvard Business School Press, 1994.

[14] J. Birkinshaw and C. Gibson, „Building Ambidexterity into an Organization", *MIT Sloan Management Review,* vol. 45, Jun. 2004. Available: https://sloanreview.mit.edu/article/building-ambidexterity-into-an-organization/

[15] B. Brown, *Dare to Lead: Brave Work. Tough Conversations. Whole Hearts.* New York: Random House, 2018.

[16] J. O. Schwarz, *Strategic Foresight: An Introductory Guide to Practice.* London: Taylor & Francis, 2023.

[17] R. Rohrbeck, C. Battistella, and E. Huizingh, „Corporate foresight: An emerging field with a rich tradition", *Technol. Forecast. Soc. Change,* vol. 101, pp. 1–9, 2015.

[18] G. Johnson, K. Scholes, R. Whittington, and K. McMillan, *Exploring Corporate Strategy.* London: Pearson Education, 2008.

[19] G. S. Day and P. J. H. Schoemaker, *See Sooner, Act Faster: How Vigilant Leaders Thrive in an Era of Digital Turbulence.* Cambridge: MIT Press, 2019.

[20] P. J. H. Schoemaker, „Are You Ready for the Next Big Shock?“, *Inc.*, 2020. Available: https://www.inc.com/paul-schoemaker/are-you-ready-for-the-next-big-shock.html

[21] J. O. Schwarz, R. Rohrbeck, and B. Wach, „Corporate foresight as a microfoundation of dynamic capabilities“, *Futur. FORESIGHT Sci.*, vol. 2, no. 2, p. e28, 2020.

[22] P. R. Renjen, „The heart of resilient leadership: Responding to COVID-19“ *Deloitte:* 2020. Available: https://www.deloitte.com/us/en/insights/economy/covid-19/heart-of-resilient-leadership-responding-to-covid-19.html

[23] J. P. Scoblic, „Learning from the Future“, *Harvard Business Review*, 2020. Available: https://hbr.org/2020/07/learning-from-the-future

[24] S. Krupp, „From blame to gain: Leading with agility in a crisis“, *Heidrick & Struggles*, 2020. Available: https://www.heidrick.com/Knowledge-Center/Publication/from_blame_to_gain_leading_with_agility_in_a_crisis

[25] D. Stamoulis and E. Mannion, „Making It to the Top: Nine Attributes That Differentiate CEOs“, *Russell Reynolds Associates*, 2012. Available: https://www.russellreynolds.com/en/insights/reports-surveys/making-it-to-the-top-nine-attributes-that-differentiate-ceos

[26] J. Stillmann, „How Reading Fiction Can Make You a Better Leader“, *Inc.*, 2017. Available: https://www.inc.com/jessica-stillman/how-reading-fiction-can-make-you-a-better-leader.html

[27] J. O. Schwarz and R. Hofmann, „Is today's Science Fiction tomorrow's Science Fact? On the relevance of Science-Fiction for

Trend Research: insights from the Audi Brand Fiction Space project", 2019. Available: http://www.motivesandfiction.com/cms-media/media-3952720.pdf

[28] R. J. Jong, Anticipate: *The Art of Leading by Looking Ahead.* New York: AMACOM, 2015.

[29] G. S. Day and P. J. H. Schoemaker, *Peripheral vision: detecting the weak signals that will make or break your company.* Boston: Harvard Business School Press, 2006.

[30] E. H. Schein, „The Role of Art and the Artist", *Organ. Aesthet.*, vol. 2, no. 1, pp. 1–4, 2013.

[31] K. Scott, *Radical Candor: Fully Revised & Updated Edition: Be a Kick-Ass Boss Without Losing Your Humanity.* New York: St. Martin's Publishing Group, 2019.

[32] T. Chamorro-Premuzic, „How to Spot an Incompetent Leader", *Harvard Business Review,* 2020. Available: https://store.hbr.org/product/how-to-spot-an-incompetent-leader/H05F2I

[33] P. M. Lencioni, *The Five Dysfunctions of a Team: A Leadership Fable.* San Francisco: Wiley, 2010.

[34] World Economic Forum, „The Future of Jobs Report 2020", 2020. Available: https://www.weforum.org/publications/the-future-of-jobs-report-2020

[35] B. Kropp, A. Smith, and M. Cain, „How to Build Digital Dexterity Into Your Workforce", *Harvard Business Review,* 2021. Available: https://hbr.org/2021/10/how-to-build-digital-dexterity-into-your-workforce

[36] G. Gotsis and K. Grimani, „The role of servant leadership in fostering inclusive organizations.", *Journal of Management Development,* vol. 35, no. 8. pp. 985–1010, 2016.

[37] K. Dirks and D. Ferrin, „Trust in Leadership: Meta-Analytic Findings and Implications for Research and Practice“, *J. Appl. Psychol.*, vol. 87, pp. 611–628, Sep. 2002.

[38] R. C. Mayer, J. H. Davis, and F. D. Schoorman, „An Integrative Model of Organizational Trust“, *Acad. Manag. Rev.*, vol. 20, no. 3, pp. 709–734, 1995.

[39] F. Frei and A. Morriss, „Beginn with Trust: The first step to becoming a genuinely empowering leader“, Harvard Business Review, 2020. Available: https://hbr.org/2020/05/begin-with-trust

[40] G. Hamel and M. Zanini, *Humanocracy: Creating Organizations as Amazing as the People Inside Them.* Boston: Harvard Business Review Press, 2020.

[41] L. V Gerstner, *Who Says Elephants Can't Dance?: Leading a Great Enterprise through Dramatic Change.* New York: Harper-Collins, 2003.

[42] T. Brown, *Change by design: How design thinking transforms organizations and inspires innovation.* New York: Harper-Collins, 2009.

[43] J. Doerr and L. Page, *Measure What Matters: How Google, Bono, and the Gates Foundation Rock the World with OKRs.* New York: Penguin Publishing Group, 2018.

[44] V. J. Marsick and K. E. Watkins, *Informal and incidental learning in the workplace.* London: Routledge, 2015.

[45] S. Denning, *The age of agile: How smart companies are transforming the way work gets done.* New York: AMACOM, 2018.

[46] D. Worrall, *Accountability Leadership: How Great Leaders Build a High Performance Culture of Accountability and Responsibility.* Sydney: Accountability Leadership Institute, 2013.

[47] S. Bungay, *Art of action: How leaders close the gaps between plans, actions and results.* Boston: Nicholas Brealey Publishing, 2011.

[48] D. Seidl, G. von Krogh, and R. Whittington, Eds., „Practices of Open Strategy“, in *Cambridge Handbook of Open Strategy,* Cambridge: Cambridge University Press, pp. 85–166, 2019.

[49] J. Birkinshaw, „Reflections on open strategy“, Long Range Plann., vol. 50, no. 3, pp. 423–426, 2017.

[50] J. Hautz, D. Seidl, and R. Whittington, „Open Strategy: Dimensions, Dilemmas, Dynamics“, *Long Range Plann.,* vol. 50, no. 3, pp. 298–309, 2017.

[51] J. O. Schwarz, „Revisiting Scenario Planning and Business Wargaming From an Open Strategy Perspective“, *World Futur. Rev.,* vol. 12, no. 3, pp. 291–303, 2020.

[52] T. Basford and B. Schaninger, „The four building blocks of change“, *McKinsey Q.,* 2016. Available: https://www.mckinsey.com/capabilities/people-and-organizational-performance/our-insights/the-four-building-blocks--of-change

[53] A. Wilkinson and R. Kupers, *The Essence of Scenarios – Learning from the Shell Experience. Amsterdam:* Amsterdam University Press, 2014.

[54] P. Leinwand and C. R. Mainardi, *Strategy That Works: How Winning Companies Close the Strategy-to-Execution Gap.* Boston: Harvard Business Review Press, 2016.

[55] S. Krupp and P. J. H. Schoemaker, *Winning the Long Game: How Strategic Leaders Shape the Future.* New York: Public Affairs, 2014.

[56] M. Agarwal and D. Satish, *Rise and Fall of Kodak.* 2021. Available: https://www.thecasecentre.org/products/view?id=112307

[57] S. Greenstein, „The reference wars: Encyclopædia Britannica's decline and Encarta's emergence", *Strateg. Manag. J.*, vol. 38, no. 5, pp. 995–1017, 2017.

ABBILDUNGSVERZEICHNIS

ABKÜRZUNGEN

AI	Artificial Intelligence
COO	Chief Operating Officer
IICM	Institut für Innovation und Change Methodik
IT	Informationstechnologie
KI	Künstliche Intelligenz
PEST	Political, Economical, Social and Technological
OKR	Objectives and Key Results
TUNA	Turbulent, Uncertain, Novel, Ambiguous
VUCA	Volatility, Uncertainty, Complexity, Ambiguity

AUTORENVITEN

Felix von Held

Felix von Held ist Gründer des Instituts für Innovation und Change Methodik (IICM) in München. Als Executive Coach mit Schwerpunkt zukunftsorientierter Führung und Berater mit über 15 Jahren Erfahrung in mehr als 100 Transformationsprojekten verfügt er über ein tiefes Verständnis für die Dynamiken von Wandel und Führung. Zuvor war Felix von Held im Innovations- und strategischen Change Management der BMW Group tätig, wo er zum Thema „Collective Creativity" promovierte. Seit 2008 lehrt er u. a. am Center of Digital Technology Management in München.

Jan Oliver Schwarz

Jan Oliver Schwarz ist Professor für Strategic Foresight & Trend Analysis und Leiter des Bayerischen Foresight-Instituts an der Technischen Hochschule Ingolstadt. Er arbeitete als Berater in verschiedenen Industrien und in der Strategieabteilung der Allianz Gruppe. Sein Studium der Wirtschaftswissenschaften und Zukunftsforschung absolvierte er an den Universitäten Köln, Witten-Herdecke und Stellenbosch (Südafrika). Er wurde an der Universität der Künste Berlin promoviert.